德群 著

# 越努力，越幸运

你现在必须努力，将来才能不费力

北京联合出版公司
Beijing United Publishing Co.,Ltd.

**图书在版编目（CIP）数据**

越努力，越幸运：你现在必须努力，将来才能不费
力／德群著.－－北京：北京联合出版公司，2019.5（2022.12 重印）

ISBN 978-7-5596-3048-3

Ⅰ.①越… Ⅱ.①德… Ⅲ.①成功心理－通俗读物
Ⅳ.① B848.4-49

中国版本图书馆 CIP 数据核字（2019）第 057281 号

**越努力，越幸运：你现在必须努力，将来才能不费力**

编　　著：德　群
责任编辑：牛炜征
封面设计：施凌云
责任校对：郝秀花
美术编辑：吴秀侠
插图绘制：郑韶丹

北京联合出版公司出版
（北京市西城区德外大街83号楼9层　100088）
三河市科茂嘉荣印务有限公司印刷　新华书店经销
字数170千字　　880毫米×1230毫米　1/32　8印张
2019年5月第1版　2022年12月第7次印刷
ISBN 978-7-5596-3048-3

定价：36.00元

生存和生活，看似一字之差，却有天壤之别。跨过去了，就是诗意的日子；跨不过去，就是苟且地活着。要跨过生存，迈向生活，唯一的桥梁就是努力。

生活中总有那么一些人，他们没有引以为傲的家庭背景，没有过人的天赋，或许生活还会给他们更多的磨难，可是他们却取得了常人无法企及的成就。他们凭的是什么？就是被很多人忽略的拼搏与努力。

幸运需要付出，成功需要努力。幸运不幸运，成功不成功，说到底还是要靠自己。莎士比亚说："与其责难机遇，不如责难自己。"不是你不幸运，而是你不够努力。没有努力，就没有资格谈幸运，真正的幸运等待的是努力拼搏的人。很多人在人生之中无数次庆幸，庆幸自己终于如愿以偿。其实，这并非是命运之神眷顾你，而是你的努力使你变得幸运，使你得到赏识。当你顺遂如意的那一刻，你会发现所谓的巧合与好运，实际上都是点点滴滴的努力和付出之后才得到的。

在奋斗的路上，生活是公平的。它不看容貌和出身，也不问金钱和地位，它只认人们付出的辛苦与智慧。而能够笑着走到最后的赢家，必定是抓住每一段时光努力奋斗的人。今天不够努力，对自己有所保留，那成功也会对我们有所保留。没有人可以给你一把现成的钥匙来打开成功之门，你必须自己配制钥匙，找出门锁的密码组合；没有魔法师可以把你推向财富与名望的巅峰，这条路通常崎岖坎坷，你必须脚踏实地，甚至艰辛地、一步一个脚印地走完全程。

这世上从没有白费的努力，也没有碰巧的成功。也许你付出很多，却总被怀疑、否定；也许你拼尽全力，世界却没有回应。于是你开始怀疑自己，这么努力有什么用？美国著名行动大师杜勒姆曾说："天下没有不努力的成功，要么是不劳而获，要么是不期而遇。但它们都不是你真正的成功地图。相信自己的努力，就等于相信自己付出之后必有回报。因此，多一次努力，就多一次逼近成功的堡垒。"所以，没有一种努力是白费的，只不过有些回报来得及时，正是你想要的；而有些回报，会在你想不到的时候，以另一种方式出现，也许不符合你的初衷，却也会让你有一种"无心插柳柳成荫"的惊喜。

生活不会辜负每一个努力的人。虽然努力不一定每次都带来幸运，但不努力则一定无任何幸运可言。真正的幸运绝不会光顾那些精神麻木、耽于安逸、甘于平庸、不思进取的人，幸运只藏在勤劳和汗水、行动和付出、拼搏和进取中。未来的一切都取决于今天的你，你今天踏出的每一步都是为你的未来奠基。你若脚踏实地、努力向前、拼搏进取、执着无悔，未来就会光辉灿烂，不管什么样的梦想都会实现……所以，只有珍惜今天，当下努力，才能把握明天，拥有未来。

本书是指导人们跨越人生障碍、步步为"赢"的人生指南。它从实际出发，旨在为那些有远大理想、不甘平庸的人们树立一盏引路明灯，教他们坚定目标，摆正心态，踏实行动，全力拼搏，不言败、不言弃，从而不负光阴，无愧此心。

# 目录

CONTENTS

## 第一章　谁都有可能创造奇迹，为什么不能是你

明确的目标是一切成功的起点　//2

梦想，什么时候开始都不晚　//5

只要你敢想，一切皆有可能　//7

心有多大，世界就有多大　//11

你决定自己要成为的那个人　//13

做喜欢的事，过想过的生活　//16

心中有了方向，才不会一路迷茫　//19

带上使命去闯世界，结果会大不同　//22

没有规划的人生，只是一张草图　//23

看树插秧，向着标杆直跑　//26

## 第二章　选一种姿态，让自己活得无可替代

他人只是看客，你的人生你自己掌握　//30

即使无人喝彩，也要为自己点赞　//34

允许别人指点，但谢绝指指点点　//38

做个坚定的人，听从你内心的声音 //40

世界那么大，勇敢做自己 //42

人海茫茫，活出自己的模样 //45

自信，人生才能有幸 //48

相信自己，你将无所不能 //50

## 第三章　人生最大的失败不是跌倒，而是从来不敢向前奔跑

幻想不劳而获，就是把命运拱手让出 //54

宁要一个完成，不要千万个开始 //56

从现在开始干，而不是站在旁边看 //58

提高行动力，你才比别人更有竞争力 //62

与其坐而言，不如起而行 //64

计划好，再奔跑 //68

未来是用来打造的，而不是空想 //69

只要你尝试迈步，路就在脚下延伸 //72

## 第四章　人生没有白走的路，每一步都算数

把"平凡"化成"非凡"的是持续的力量 //76

做你所爱的事，爱你所做的事 //79

没有成功的职业，只有成功的事业 //81

成功不单是做得更多，还是想得更好 //84

思想上积极，行动上主动 //86

把菜鸟做好，才有望做凤凰 //88

不要等到别人说，再去做 //91

比一般人多做一点，你就是不一般的人 //93

第五章　总有些时候，我们要一个人去战斗

对自己狠一点，离成功近一点 //98

路要自己走，没人能扶你一辈子 //100

面对对手，该出手时就出手 //104

斩断自己的退路，才能赢得出路 //106

别让他人的意见左右了你的人生 //109

不从众，坚持自己的主见 //111

做自己，是你最高贵的信仰 //115

尊重权威，更要坚持自己 //118

第六章　别抱怨生活苦，那是你去看世界的路

对不起，这个世界本来就不公平 //122

用行动为抱怨画上休止符 //124

很多时候，英雄都是孤独的 //127

好运会来得晚，但不会缺席 //129

心静下来，才能找到成功的路 //131

成功属于沉得住气的"傻子"们 //134

梦想不是海市蜃楼，它需要地基 //137

## 第七章　勤奋回报你的从来不是加法，而是复利

活鱼折腾跃过龙门，咸鱼安静翻不了身 //142

勤劳是疾病与悲惨的治疗秘方 //144

天下事以难而废者十之一，以惰而废者十之九 //147

与众不同的背后，是日复一日的勤勉 //150

看到的都是光鲜，看不到的都是辛酸 //154

耐心地做好每一次重复 //157

从零开始，脚踏实地才能跳得更高 //160

## 第八章　但凡被荣光遗漏，掌声也许等待在最后

上天不需要你成功，只需要你尝试 //164

与其避险，不如冒险 //166

冒险者不一定成功，成功者必冒风险 //169

与鲨鱼同游，才能成长得更快 //173

短暂的激情不值钱，持久的激情才能取胜 //175

背后有"狼"追，你才会跑得更快 //179

你最大的对手，是自己 //182

**第九章　你既然认准一条路，何必去打听要走多久**

挺住，意味着一切　//186

苦难或许会摧残你，但更能成就你　//188

成功就是爬起比跌倒的次数多一次　//191

最糟糕的遭遇有时只是美好的转折　//192

苦难，是上帝给你的挑战　//195

强者不是拿到一手好牌，而是打好一手坏牌　//200

成功者绝不放弃，放弃者绝不会成功　//203

**第十章　每一个不曾起舞的日子，都是对生命的辜负**

想要什么样的生活，就要站在什么样的高度　//208

只看得到饭碗，你就永远别想找到舞台　//209

内心强大，你的世界就光芒万丈　//212

在天赋优势的轨道上，才能够加速　//213

心中只要有光，就不惧怕黑暗　//215

潜能是一个"吹不爆"的气球　//216

唤醒你的潜能，人生无所不能　//218

不需要成为发光的别人，只需成为最好的自己　//219

**第十一章　世上所有的奇迹，闻起来都是努力的味道**

想成为什么样的人，就与什么样的人在一起　//224

站在巨人的肩膀上超越　//227

与别人存在差距，才是你成长的动力　//230

成功可以复制，不做无谓的坚持　//233

偶像是用来尖叫的，榜样是用来学习的　//235

经验没有错，错的是迷信经验　//237

成功不怕迟，失败要趁早　//240

# 第一章

## 谁都有可能创造奇迹，
## 为什么不能是你

## 明确的目标是一切成功的起点

现实生活中，很多人经常会发出这样的感慨：日子过得没有激情，不过是日复一日、年复一年地打发光阴，除了一天老似一天，一天消沉于一天外，别的什么也看不到，生活只是做一天和尚撞一天钟而已。其实造成这种心态的原因，就是他们没有明确高远的人生目标！

我们都有这样的体会：当你确定只走 1 公里路的目标，在完成 0.8 公里时，便会有可能感觉到累而松懈下来，因为想着反正快到目标了，无所谓快慢了。但如果你的目标是要走 10 公里路程，那么在出发之前，你就会做好准备，调动各方面的潜在力量，这样走七八公里后，才可能会稍微放松一点。由此可见，设定一个远大的目标，才能让人生之路走得更长更远。

你是否听说过这样一个故事？

一群意气风发的天之骄子从美国哈佛大学毕业了，他们即将开始走向社会。他们的智力、学历、环境条件都相差无几。在临出校门前，哈佛对他们进行了一次关于人生目标的调查。结果是这样的：27% 的人没有目标，60%的人目标模糊，10%的人有清晰但比较短期的目标，3%的人有清晰而长远的目标。

25年后，哈佛再次对这群学生进行了调查。结果是这样的：

3%的人，25年间他们朝着一个方向不懈努力，几乎都成为社会各界的成功人士，其中不乏行业领袖、社会精英。

10%的人，他们的短期目标不断地实现，成为各个领域中的专业人士，大都生活在社会的中上层。

60%的人，他们安稳地生活与工作，但都没有什么特别成绩，几乎都生活在社会的中下层。

剩下27%的人，他们的生活没有目标，过得很不如意，并且常常在抱怨他人、抱怨社会。

其实，他们之间成功与否的差别仅仅在于：25年前，他们中的一些人清楚地知道自己的人生目标，而另一些人则不清楚或不很清楚。

还有这样一则关于目标的故事。

唐贞观年间，长安城西的一家磨坊里，有一匹马和一头驴子。它们是好朋友，马在外面拉东西，驴子在屋里推磨。贞观三年，这匹马被玄奘法师选中，出发经西域前往印度取经。

17年后，这匹马驮着佛经回到长安。它重到磨坊会见驴子朋友。老马谈起这次旅途的经历：浩瀚无边的沙漠，高入云霄的山岭，凌峰的冰雪，热海的波澜……那些神话般的境界，使驴子极为惊异。驴子惊叹道："你有多么丰富的见闻啊！那么遥远的道路，我连想都不敢想。""其实，"老马说，"我们跨过的距离是大体相等的，当我向西域前进的时候，你一步也没停止。不同的是，我同玄奘法师有一个遥远的目标，按照始终如一的方向前进，所以我们打开了一个广阔的世界。而你被蒙住了眼睛，一生就围着磨盘打转，所以永远也走不出这个狭隘的天地。"

故事简单易懂，但我们从中却能看到一些生活的本质。芸芸众生中，真正的天才与白痴都是极少数，绝大多数人的智力都相差不多。然而，这些人在走过漫长的人生之路后，有的功盖天下，有的却碌碌无为。本是智力相近的一群人，为何取得的成就却有天壤之别呢？

事实上，杰出人士与平庸之辈最根本的差别，并不在于天赋，也不在于机遇，而在于有无人生目标！就像那匹老马与驴子，当老马始终不渝地向西天前进时，驴子只是围着磨盘打转。尽管驴子一生所跨出的步子与老马相差无几，可因为缺乏目标，它一生终走不出那个狭隘的天地。

生活的道理同样如此。对于没有目标的人来说，岁月的流逝只意味着年龄的增长，平庸的他们只能日复一日地重复自己。一个人没有人生目标，没有了追求成长与成功的动向与努力，那种生活犹如永久躺在病床上的植物人，肉体存在而心灵死亡，是可悲的。所以应该铭记，我们要过优雅、精致的生活，就要首先确立远大的目标。

## 梦想，什么时候开始都不晚

40 岁那年，欧文从人事经理被提升为总经理。3 年后，他自动"开除"自己，舍弃堂堂"总经理"的头衔，改任没有实权的顾问。

正值人生最巅峰的阶段，欧文却奋勇地从急流中跳出，他的说法是："我不是退休，而是转进。"

"总经理"三个字对多数人而言，代表着财富、地位，是事业身份的象征。然而，短短 3 年的总经理生涯，令欧文感触颇深的，却是诸多的"无可奈何"与"不得已而为"。

他全面地打量自己，他的工作确实让他过得很光鲜，周围想巴结自己的人更是不在少数，然而，除了让他每天疲于奔命，穷于应付之外，他其实活得并不开心。这个想法，促使他决定辞职。

辞职以后，司机、车子一并还给公司，应酬也减到最低。不当总经理的欧文，感觉时间突然多了起来，他把大半的精力用来写作，抒发自己在广告领域多年的观察与心得。

"我很想试试看，人生是不是还有别的路可走。"他笃定地说。

事实上，欧文在写作上很有天分，而且多年的职场经历给他积累了大量的素材。现在欧文已经是某知名杂志的专栏作家，其间还完成了两本管理学著作，欧文迎来了他的第二个人生辉煌。

贝尔 28 岁时拜访了著名物理学家约瑟夫·亨利，谈论"多路电报"实验，亨利本来对此不感兴趣。但这回他强打起精神，去听贝尔的介绍。突然，他敏锐地觉察到，这个年轻人在谈一个极有价值的现象。他热情地鼓励贝尔："如果你觉得自己缺乏电学知识，那就去掌握它。你有发明的天分，好好干吧！"

后来，贝尔写信给父母，描述自己的感受："我简直无法向你们描述这两句话是怎样地鼓舞了我……要知道在当时，对大多数人来说通过电报线传递声音无异于天方夜谭，根本不值得费时间去考虑。"

几年后，贝尔又说："如果当初没有遇上约瑟夫·亨利，我也许发明不了电话。"

和积极的人在一起会让你更积极，和消极的人在一起会让你更消极。心态积极的人，他们会及时激励我们，而不是用消极的话来干扰我们的行动。要知道，当一个人犹豫不决时，需要的是积极的支持。与积极者在一起，我们会学着尝试。即使错了，起码也曾经尝试过，无怨无悔。没有人会百分之百成功，但没有尝试肯定不会成功。

《心灵鸡汤》的作者之一马克·汉森是一位畅销书作家，他的书在全世界已经畅销几千万册。有一次，汉森在与成功学、激励学顶尖高手安东尼·罗宾斯同台讲演结束之后，私下请教罗宾斯，于是有了如下一段对话——

汉森问："我们都在教别人成功，为什么我的年收入才 100 万美元，而你一年却能赚进 1000 万美元呢？"

罗宾斯没有直接回答汉森的问题，却反过来问汉森："你每天跟谁混在一起？"

汉森说："我每天都跟百万富翁在一起。"

罗宾斯听后笑了笑说："我每天都跟千万富翁在一起。"

只有和比自己更成功的人在一起，和更成功者合作，我们才会更成功。近朱者赤，近墨者黑。物以类聚，人以群分。我们要像雄鹰一样在空中翱翔，就得学会雄鹰飞翔的本领。如果我们结交有成就者，那我们终将会成为一个有成就的人。用好莱坞流行的一句话说："一个人能否成功，不在于你知道什么，而是在于你认识谁。"

假设有两种环境供你去选择：第一种环境你是最好的，你每月的收入 800 元，而别人都是 200 元，第二种环境你是最差的，别人都是百万富翁，你的资产只有 20 万，你愿意选择哪一种呢？要想成为什么样的人，你要选择跟什么样的人在一起，你要变得积极，你要找比你更积极的人在一起，你要永远寻找比你本身更好的环境。无论你是飞黄腾达，还是穷困潦倒，当你选择和比你优秀的人在一起，当你落败时，他会帮你检讨总结，为你加油助威。

谨慎地选择那些我们愿意花时间交往的朋友，因为他们对我们的思想、人格，以及发生在我们身上的任何事情都会有影响。与生活态度积极的人在一起，与具有远见卓识的人在一起，与成功者在一起，他们的"花香"肯定会熏陶我们，这样我们才会嗅到更多的芬芳。

生命太短暂，我们不能在碌碌无为中渺小地度过一生。与优秀的人在一起，尽自己最大的努力，创造不平凡的人生，才是我们明智的选择。

## 只要你敢想，一切皆有可能

凡事敢想就成功了一半，只要你敢想，一切都可能实现！让我们来看一看下面的故事：

故事的主人公，生长在一个普通的农户家里，小时候家里很穷，很小就跟着父亲下地种田。在田间休息的时候，他望着远处出神。父亲问他想什么，他说他将来长大了，不要种田，也不要上班，他想每天待在家里，等人给他邮钱。父亲听了，笑着说："荒唐，你别做梦了！我保证不会有人给你邮。"

后来他上学了，有一天，他从课本上知道了埃及金字塔的故事，就对父亲说："长大了我要去埃及看金字塔。"父亲生气地拍了一下他的头，说："真荒唐，你别总做梦了！我保证你去不了。"

十几年后，少年长成了青年，考上了大学，毕业后做了记者，平均每年都出几本书。他每天坐在家里写作，出版社、报社给他往家邮钱，他用邮来的钱去埃及旅行。他站在金字塔下，抬头仰望，想起小时候爸爸说过的话，心里默默地对父亲说："爸爸，人生没有什么能被保证！"

他，就是散文家林清玄。那些在他父亲看来十分荒唐、不可实现的梦想，在十几年后他都把它们变成了现实。

我们每个人小时候都有美好梦想，正是这些梦想，为我们的未来种下了成功的种子。因为梦想就是希望，它与我们天性中的潜质最密切相关。但是梦想又往往和现实有着太遥远的距离，所以需要经营。经营梦想就是通过自己不懈的努力，把看似遥远甚至有些荒唐的梦想一步步变成现实。

林清玄是一个农家子弟，他想让别人给他邮钱，想上埃及看金字塔，看起来十分好笑，连父亲都嘲笑他，但是他为了实现自己的梦想，十几年如一日，每天早晨4点就起来看书写作，每天坚持写3000字，一年就是100多万字，最终实现了自己的梦想。

凡事敢想就成功了一半。人们都知道，美国宇航局门口的铭石上刻着："你能想到的，就会实现。"伟大的人才能成就伟大的事，他们之所以伟大，是因为决心要做出伟大的事。

有这样一则令人难忘的真实的故事，主人公是一个生长于旧金山贫民区的小男孩，从小因为营养不良而患有软骨症，在6岁时双腿变成"弓"字形，而小腿肌肉更是严重地萎缩。然而在他幼小心灵中一直藏着一个除了他自己，没人相信会实现的梦——有一天他要成为美式橄榄球的全能球员。

他是传奇人物吉姆·布朗的球迷，每当吉姆所在的克里夫兰布朗斯队和旧金山四九人队在旧金山比赛时，这个男孩便不顾双腿的不便，一跛一跛地到球场去为心中的偶像加油。由于他穷得买不起票，所以只有等到全场比赛快结束时，从工作人员打开的大门溜进去，欣赏最后剩下的几分钟。

13岁时，有一次他在布朗斯队和四九人队比赛后，在一家冰激凌店里终于有机会和心中的偶像面对面地接触，那是他多年来所期望的一刻。他大大方方地走到这位大明星的跟前，朗声说道："布朗先生，我是你最忠实的球迷！"

吉姆·布朗和气地向他说了声谢谢。这个小男孩接着又说道："布朗先生，你晓得一件事吗？"

吉姆转过头来问过："小朋友，请问是什么事呢？"

男孩一副镇定自若的神态说道："我记得你所创下的每一项纪录，每一次的布阵。"

吉姆·布朗十分开心地笑了，然后说道："真不简单。"

这时小男孩挺了挺胸膛，眼睛闪烁着光芒，充满自信地说道："布朗先生，有一天我要打破你所创下的每一项纪录！"

听完小男孩的话，这位美式橄榄球明星微笑着对他说道："好大的口气。孩子，你叫什么名字？"

小男孩得意地笑了，说："布朗先生，我的名字叫奥伦索·辛浦森，大家都管我叫 O．J．。"

我们会成为什么样的人，会有什么样的成就，就在于先做什么样的梦。奥伦索·辛浦森后来的确如他少年时所说的那样，在美式橄榄球场上打破了吉姆·布朗创下的所有纪录，同时更创下一些新的纪录。

现在就开始，立刻开始，去尽情地"想高"，因为只有想高才能够攀高。有限的目标会造成有限的人生，所以在设定目标时，要尽量伸展自己。重量级拳王吉姆·柯伯特有一回在做跑步运动时，看见一个人在河边钓鱼，一条接着一条，收获颇丰。奇怪的是，柯伯特注意到那个人钓到大鱼就把它放回河里，小鱼才装进鱼篓里去。柯伯特很好奇，他就走过去问那个钓鱼的人为什么要那么做。钓鱼翁答道："老兄，你以为我喜欢这么做吗？我也是没办法呀！我只有一个小煎锅，煎不下大鱼啊！"

很多时候，我们有一番雄心壮志时，就习惯性地告诉自己："算了吧，我想的未免也太过了，我只有一个小锅，可煮不了大鱼。"我们甚至会进一步找借口来劝退自己："更何况，如果这真是个好主意，别人一定早就想过了。我的胃口没有那么大，还是挑容易一点的事情做好了，别把自己累坏了。"

事实上，很多人之所以没有成功，就是因为他太满足于眼前的一切，不敢去想，也不去想，未来可能会发生的事。切记：世界上没有不可能的事，只要你敢想，一切皆有可能。

## 心有多大，世界就有多大

有一条鱼在很小的时候便被捕上了岸，渔人看它太小，而且很美丽，便把它当成礼物送给了女儿。小女孩把它放在一个鱼缸里养起来，每天它游来游去总会碰到鱼缸的内壁，心里便有一种不愉快的感觉。

后来鱼越长越大，在鱼缸里转身都困难了，女孩便给它换了更大的鱼缸，它又可以自在地游来游去了。可是每次碰到鱼缸的内壁，它畅快的心情便会黯淡下来。它有些讨厌这种原地转圈的生活了，索性静静地悬浮在水中，不游也不动，甚至连食物也不怎么吃了。女孩看它很可怜，便把它放回了大海。

它在海中不停地游着，心中却一直快乐不起来。一天它遇见了另一条鱼，那条鱼问它："你看起来好像闷闷不乐啊！"它叹了口气，说："啊，这个鱼缸太大了，我怎么也游不到它的边！"

心有多大，世界就有多大。如果不能打碎心中的四壁，即使给你一片大海，你也找不到自由的感觉。

每个人的血管里都流淌着祖先的血液，每个人的身上都或多或少地印刻着先辈的痕迹，但是，每个人来到这个世界上又都是一个崭新的开始。林肯说过："我不在乎我的祖先是谁，我在乎他的孙子会变成什么样子。"

我们不能借口拥有一颗平凡的心就不去奋斗，那是在背离自己生命的本质。只要你愿意选择去超越，人生就会充满未知数。

李斯是秦朝的丞相，辅佐秦始皇统一并管理中国，立下了汗马功劳。可少有人知，李斯年轻时只是一名小小的粮仓管理员，他的立志发奋，竟然是因为一次上厕所的经历。

那时李斯26岁，是楚国上蔡郡府里的一个看守粮仓的小文书。他的工作是负责仓内存粮进出的登记，将一笔笔粮食进出情况记录清楚。

日子就这么一天天过着，李斯不能说完全浑浑噩噩，但也没觉得这有什么不对。直到有一天，李斯到粮仓外的一个厕所解手，这样一件极其平常的小事竟改变了李斯的人生态度。

李斯进了厕所，尚未解手，却惊动了厕所内的一群老鼠。这群在厕所内安身的老鼠，瘦小枯干探头缩爪，且毛色灰暗，身上又脏又臭，让人恶心至极。

李斯看见这些老鼠，忽然想起了自己管理的粮仓中的老鼠。那些家伙，一个个吃得脑满肠肥，皮毛油亮，整日在粮仓中大快朵颐，逍遥自在。与眼前厕所中这些老鼠相比，真是天上地下啊！人生如鼠，不在仓就在厕，位置不同，命运也就不同。自己在上蔡城里这个小小的仓库中做了八年小文书，从未出去看过外面的世界，不就如同这些厕所中的小老鼠一样吗？整日在这里挣扎，却全然不知有粮仓这样的天堂。

李斯决定换一种活法，第二天他就离开了这座小城，去投奔一代儒学大师荀况，开始了寻找"粮仓"之路。20多年后，他把家安在了秦都咸阳的丞相府中。

心有多大，你的世界就有多大。红顶商人胡雪岩曾说过："做事一定要看大局，你的眼光看得到一省，就能做一省的生意；看得到一国，就能做一国的生意；看得到国外，就能做国外的生意。"

有些人之所以不成功，就是因为把心拘泥在不起眼的小事上。

常常为一件小事而耿耿于怀，常常为害怕遭受到别人的非议而放弃，常常为一些捕风捉影的事而大动干戈，因而失去了很多本应属于自己的机会，一次两次的失去也许不算什么，但一生往往就在这样的过程中消磨掉了……

虽说是"不扫一屋安能扫天下"，但一个人如果只顾低头清扫他的小屋，而看不到外面的广阔的天地，那又怎么可能展翅高飞？

现实生活中，工作过于努力的人没有时间去赚大钱。许多人都抱怨："我工作太辛苦，简直没有时间去读书和思考。"这句话的意思是满足生计的需求已占据了一切，以至于你没时间去考虑远大未来的机会，没有时间去看看更广阔的精彩天地。

骑脚踏车的人走不远。假如你过于忙碌地工作而没有时间去开阔自己的心胸，去思考你做的事，去树立更远大的志向，就会像蚂蚁部落里最忙的工蚁一样，忙碌终生而无所作为。假如你过于专注于自己小小的领域，就不会知道其他领域也许对你目前从事的工作有极大影响的资讯和思想。除非有时间广泛涉猎、学习他人所做的事，否则你只能是原地踏步。

社会是不公平的，但又是公平的，它会给我们每个人机会，它永远遵循社会发展变化的规律性，关键在于操作的人会不会巧妙地利用它，让它为你服务。

最后，一定要记住，心有多大，世界就有多大！

## 你决定自己要成为的那个人

目标能够帮助你确定你前进的方向，对于一个人的成功有至关重要的作用。但是，如果目标不正确，那么就会让你冲着一个

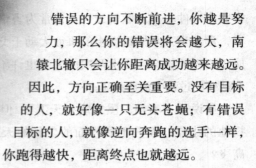

错误的方向不断前进，你越是努力，那么你的错误将会越大，南辕北辙只会让你距离成功越来越远。因此，方向正确至关重要。没有目标的人，就好像一只无头苍蝇；有错误目标的人，就像逆向奔跑的选手一样，你跑得越快，距离终点也就越远。

一个男人邀请三个孩子一起在雪地上面玩一个游戏，他告诉三个孩子，说："我会站在雪地的另一边，然后我说开始，你们就开始跑，等都到达我这里之后，谁的脚印最直，那么谁就算是胜利者，我手中的奖品就归谁。"

比赛开始后，三个孩子用三种截然不同的方式前进。一个孩子将眼光始终放在自己的脚上，他小心翼翼地让脚印很直；第二个孩子则左顾右盼地张望，希望能够从伙伴的做法中发现有效的办法；第三个孩子的眼睛一直盯着对面的男人，确切地说，他是盯着那人手中的奖品。比赛的最终结果是，第三个孩子获胜。原因很简单，只有让自己的眼光坚定不移地落在自己的目标上的人，才能够实现目标，少走弯路。

有这样的一个寓言，一个渔夫，十分擅长打鱼，常常能够网到很多的鱼，然而他有一个不好的习惯，就是喜欢发誓，即使遇到现实与自己的誓言不相符的情况，他也绝不改变自己的想法，哪怕明知是错，也要将错就错。

一年春天，他听说在市场上墨鱼的价格非常好，于是他发誓，这一次出海只打捞墨鱼。结果，他出海之后打到的全部是螃蟹。因此，他将所有的螃蟹都丢弃，最终空手而归。回家以后才知道，当时市面上螃蟹的价格才是最高的，渔夫后悔不迭。

于是他准备第二次出海，出发前他打定主意，这一次只要螃蟹。没想到这次的鱼汛是墨鱼。于是，他再一次空手而归了。当他回到家，饿着肚子躺在床上，看着空空的鱼囊，他再一次十分懊悔。因此，他再一次发誓，下一次不管是螃蟹，还是墨鱼，只要他打捞上来，他全部都要。

然而，命运又一次跟他开了玩笑，这一次他又空手而归了，因为他没有遇到墨鱼和螃蟹，他看到的只有很多的金枪鱼。于是，他再一次发誓……

没有等到他第四次出海，渔夫已经在饥寒交迫中离开人世了。

很多人就如同这个可怜的渔夫一样，在一个错误的目标的指引下终日奔波，但是却一无所获。

方向缺失，你就不知道该向何处前进；方向有误，则不仅仅让你迷茫，更会让你所有的努力都白费。

从前，有一个行者在旅途中看到农夫正在插秧，那些秧苗排列得整整齐齐，似乎用尺子量过一样，但是，正在插秧的农夫似乎没有使用特别的工具。于是他很好奇，便去请教农夫。农夫并没有跟他说其中的道理，而是递给他一些秧苗，让他试一试。行者下田插了一会儿，起身一看，歪歪斜斜的。

他很诧异，便问农夫："这是什么原因呢？"

农夫说："你插秧的时候，需要将目光停留在某一样参考物上，这样才能够将秧苗插得整齐。"行者就再试了一次，但是结果更加出乎意料，这次插的秧苗不再是凌乱的，而是一个弧形的。行者向农夫请教原因，农夫回答说："你有将目光停在什么东西上吗？"行者说："当然有了，您看，我就是把前面在吃草的水牛当作我插秧的参照物的。"

农夫一摊手："我说呢，水牛是在不断运动的啊，它走的是一个弧形，所以，你插的秧苗也就跟它行动的路线相似了。"行者终于明白了，他又尝试了一次，这次他将目光停留在了远处的大树上，于是，秧苗终于呈现出整整齐齐的样子了。

实际上，我们的人生也就好比这样的一个插秧的过程，如果没有目标，我们的结果注定失败，但是如果选择的目标是错误的，那么我们也将面临糟糕的可能。

## 做喜欢的事，过想过的生活

爱因斯坦曾经说过："兴趣是最好的老师。"一个人如果对一件事情产生了兴趣，那么他便有了动力来从事这项活动。

对于我们人生的选择，也是如此。如果我们选择了与我们的兴趣相符合的人生道路，那么我们便有了努力的动力，我们也会将全部身心投入其中。如果选择的道路与我们的兴趣不相符合，那么你很有可能在面临困难的时候就失去了奋斗的动力，甚至会因此而放弃前进的步伐。所以，我们的人生，最好要结合我们的兴趣来展开。

吉姆的家族一直都在经营饭店，父亲也希望儿子能够子承父业，继续将饭店接管过去，所以，他常常让儿子在饭店做事，以逐渐熟悉饭店的事务，以便将来管理饭店。然而，吉姆却极为反感在饭店的工作，总是无精打采，在饭店也总是被父亲逼迫之下做一些事情，根本没有任何的动力和积极性。父亲看到这样的状况，也很不开心。

一天，吉姆找到了父亲，告诉他说自己想去一家机械厂工作，从最基层的学徒开始，父亲对此无比惊讶，但是，看到儿子的坚持，也就只好同意了。吉姆便进入了这家机械厂，每天起早贪黑，穿着满是油污的工服，从事很多重体力活动，还总是被师傅责备，每天的工作时间也很长。但是，奇怪的是，吉姆每天的心情却很好，他总是充满活力地面对每天的工作，充满好奇地去了解与机械相关的任何事情。后来，吉姆成为了一家汽车制造厂的老板。我们想一想，如果吉姆一直在饭店中煎熬，他会有现在的成就吗？因此，假如你也对当前的工作感到没有兴趣，那么你最好重新审视自己，寻觅更加适合的行业。

只有让从事的事情与自己的爱好相匹配，你才会在工作中觉得很快乐，而不是感到无聊和乏味。

韦德作为一名小编辑供职于一家小小的杂志社，在他的心中，从小就有一个梦想，那就是要创办一份属于他自己的杂志。他也为这个目标做了十分充足的准备，需要的只是一个机会。于是，他在工作的同时，留意身边的一切，来寻觅这个可贵的机会。一次很微小的机会，就这样被韦德抓住了。有一天，韦德身边的一个人拆开了一包香烟，从烟盒中掉落出一张卡片。韦德捡起来一看，原来是一张精美的画片，上面是一位好莱坞女明星的照片，在照片的下面有一个简短的说明，原来这是一种促销的手段，鼓励消费者收集到一定数量的卡片成为一个系列。韦德看到这张照片的背后是空白的，于是，他想到这或许是一个机会。

韦德想，如果能够充分利用这张小卡片的背面，将这些明星的生平印刷在背面，那么这样的卡片将会具有更大的价值，也就更能够促使消费者去收集卡片。所以，他找到了这家烟草包装印刷的公司，跟这家公司的经理探讨了他的这个想法，也得到了经理的认可。经理说："这样吧，你帮我收集一百位美国名人的简要生平小传提供给我，每篇不要超过一百个字，每篇我付给你十美元。你先将你收集的名人的名单传给我看一下，最好能够对他们进行基本的分类，比如演员、将军、歌手，等等。"

这就成了韦德的一个小的写作任务，随着这样的任务量越来越大，他请他的弟弟来协助，每篇付给弟弟五美金。随着这样的小传的需求越来越多，他也不得不找到更多的人来帮他，包括一些职业记者。这就成为了他的事业的开端。最后，竟然发展成了《名人》杂志，韦德就是杂志的主编，他终于成就了他儿时的梦想。如果回顾这段历程，命运实际上没有给予韦德什么特别青睐，这样的机会实在是微不足道。韦德没有抱怨，有的只是在不断努力，抓住随时可能出现的微不足道的机会，最终获得了成功。

韦德为他的人生设定了十分明确的目标，并且为之做了充分的准备，再加上适当的机会，那么最终的成功也就离他不远了。目标加上行动，才能够让你的人生目标变得逐渐清晰起来，直至成为现实。

当前很多人在选择自己的职业道路的时候，过多地注重经济方面的考虑，而忽视了自己的兴趣，最终让自己的事业发展受到了影响。事实上，我们每一个人都有自己的兴趣爱好，这些兴趣爱好如果能够与我们的事业相结合，那么必然为我们努力奋斗带来更大的动力。

很多大学生在毕业之后不知道自己要从事什么行业，往往会人云亦云，随大溜地进入职场，但是一段时间下来才发现这工作不是自己喜欢的，这样一来，不仅仅浪费了自己的时间，也让自己经历了挫折。所以说，结合自己的兴趣来抉择自己的事业才是正确的选择。

然而也有一些对自己的人生有很好规划的人，他们在进入职场以前，就根据自己的兴趣设定了十分合理的职业通道，进入了他们感兴趣的行业，这也让他们更加精神百倍地展开他们的事业，在顺境中享受事业带来的乐趣，在逆境中兴趣让他们能够勇敢地战胜困难。能够从中享受到快乐的工作才是最好的工作。

## 心中有了方向，才不会一路迷茫

世界上没有两片完全相同的树叶，也没有两个相同完全的人，每一个人都有自己兴趣爱好，都有自己的选择，只要没有违反社会准则、法律和道德，那么走自己的路，就能够获得真正的精彩人生。每一个人都有自己的特点，有不同的经历、不同的性格，这些因素造就了不同的人生，不同的风景。所以说，在每个人的生活中，是否能够找准自己的人生，看到属于自己的风景，决定着你的人生能否收获幸福。

有些人，在人生中激发出自己的潜能，活出了自己的特色，也享受到了人生的美景，这样才不枉来到这世间一遭。他们不会人云亦云，不会被外界所左右，虽然尊重别人的看法，但是永远依据自己内心的呼唤来做出抉择。真正了解自己的人只能是自己，因此，也只有本着自己的内心才能够为自己选择出最为适合的人生道路。虽然俗语有云"听人劝，吃饱饭"，但是，对于别人的尊重和倾听绝不意味着要毫无筛选地一并接纳，最终失去自我，变成他人思想的傀儡。否则，你将会活在别人的随意一言中，左右摇摆，举棋不定，最终失去真正的机会。做自己认为正确的事情，向自己认为正确的目标迈进，就如同但丁的名言："走自己的路，让别人说去吧。"

拿破仑在出征奥地利之前，曾经指派专业的工程师为他考察进军线路，由于法国与奥地利之间隔着高耸的阿尔卑斯山，因此，拿破仑希望这些专家能为他带回一条出人意料的进军道路。可惜，这些工程人员经过了长期考察，却没有给出有用的建议。

拿破仑看了看桌子上面的地图，指着图上的一条路径，询问身边的参谋们："这条道路可不可以作为进军路线？"

"这条路，从来没有人走过，或许可以吧。"身边的人也不敢做出肯定的答复。"既然如此，那就从这里进军吧。"虽然身边的人说的是"不肯定"，其实也就意味着他们的态度是"不认同"，但是，拿破仑用他的勇气做出了回答。事实上，那条道路的坎坷现在是世人皆知的，在那时候，没有军队走上过那一座高山。

当有消息传达奥地利的时候，人们无不觉得这是一个天大的笑话："翻越阿尔卑斯山，多么滑稽的想法啊，那座山上连一辆车都没有上去过，更不用说一支数以万计的军队，何况还带着大批的弹药物资，以及那些笨重的大炮。"可是，就在奥地利人还沉浸在不战而胜的喜悦之中时，拿破仑的军队已越过了阿尔卑斯山，犹如神兵天降一般出现在奥地利军队的对面。奥地利军队开始慌乱，民心开始动摇，谁也想不到那个不足一米七的小个子居然有勇气征服这座被认为是不可翻越的高峰。接下来的事情顺利多了，拿破仑胜利了。事实上，无论遇到什么事情，一定会有不同的看法困扰着我们。如果你非常在意这些纷繁的说法，无从选择，那最终只会迷失在这纷扰中。所以，坚信自己的想法，走自己心中认为正确的道路，才是最正确的抉择。

我国古代有一则寓言，两父子赶着一头毛驴去赶集，路上遇到很多人，纷纷对他们的行为发表看法。

一个人说："你看这两个人，真是傻，明明有毛驴却不骑，两个人跟在后面走，那还要那个毛驴干什么？"父子俩一听，觉得有道理，于是，父亲让儿子骑上去，自己牵着驴走。走了一会儿之后，又有人说："你看这个孩子真是不孝啊，自己骑驴，却让老爹走路，唉，生子不孝啊。"父子二人听了，也觉得别人说得对，于是两人就换了一下，儿子走路，父亲骑驴。没想到，刚走不多远，又有人说："天底下还有这么做爹的吗？居然不疼爱自己的孩子，他骑着驴倒是悠闲，可苦了这孩子。"父亲也大以为然，于是就将儿子也拉了上来，两人一起骑着驴。

但是，别人的议论依然没有停止，有人说："哎呀，人都懒成什么样子了，这么一头小毛驴，居然被两个人骑，这哪儿能受得了啊！"这两父子无奈了，于是找来绳子将驴捆起来，两人抬着走。这样的行为，只会让路上更多的人嘲笑他们："真是天下奇闻啊，驴骑人，有意思，这两人的脑袋是不是被驴踢了啊。"

其实，无论是什么行为，带着不同出发点的人都会有不同的看法，而对于自己来说，最重要的是你自己知道在干什么，那就够了，至于别人的看法和眼光，是没有必要那么在意的。因为，你的路，只有你自己才知道，只能由你自己去选择。

## 带上使命去闯世界，结果会大不同

一个人一旦确定了自己的人生目标，便会在人生目标的引导之下不断前进。然而，在前进的过程中必然会遇到各种各样的困难和挑战，在这个时候，就需要有一些推动力来帮助你战胜困难，接近目标。而这些推动力包括兴趣、压力、诱惑，等等，其中，使命感才是促使你为目标而不断奋斗的核心动力。

通用集团要在内部提拔一位亚太地区的负责人，于是，在集团内部的各个部门展开了一次遴选，希望找到最为合适的人选。在层层筛选之后，有两个人浮出水面，但谁是最终人选，还需要经过集团总裁的亲自考核。

这两人都是通用内部的主管，在通用公司都有很多年的工作经验，并且做出了十分辉煌的成就。

于是，他们获得了集团总部的通知，总裁先生邀请他们去全球顶级酒店纽约帝国酒店，并将在那里亲自面试他们。

然而当他们来到酒店准备接受最后面试的时候，酒店经理却对他们说："总裁先生给予他们的面试题是在酒店担任一周的服务生。"

两人觉得十分诧异："什么？服务生？"经理回答说："是的，从现在起，我将视你们为我的员工，现在我要安排你们去清洁卫生间。"当威廉来到卫生间之后，看着那肮脏的马桶，他马上对这样的事情无法忍受了。于是他冲到了酒店经理面前："对不起，这样的事情我做不了。"

经理笑着看着威廉："不如你现在去看一看马尔斯姆的状况

如何。"威廉来到马尔斯姆清洁的卫生间，看到了令他十分吃惊的一幕：马尔斯姆正高卷双袖，在用抹布认真地清洁马桶，把马桶擦洗得洁净如新。

威廉无法理解马尔斯姆的行为："你怎么可以做到这样？"马尔斯姆告诉他："我之所以能够如此做，是因为我的使命感告诉我要认真地完成被交代的每一件事情，只有这样，才能够克服一切困难，最终达成我的人生目标。在使命感的感召之下，我要跨越所有的障碍，最终迈向成功。"威廉又问马尔斯姆："那么你为什么有这样的使命感呢？"马尔斯姆回答说："我的使命感是因为我对现状永不满足，虽然当前我已经取得了很多人都羡慕的成就，但我想要获得更大的舞台。总裁先生交给我们这样的任务，我相信他一定有他的道理，所以我要竭尽全力去完成这项工作。我希望我可以抓住一切机会成为如同总裁先生一样的人。"

果然，马尔斯姆最终获得了这个职位。一个没有使命感的人，很容易在工作中失去动力，被困难和障碍打败。使命感常伴左右的人，他们无限的激情会让他们无时无刻不充满动力，任何艰难险阻都能克服。

## 没有规划的人生，只是一张草图

我们一生下来就被确定出身，无法选择。也许我们出身贫寒，也许有的人一生下来就身患疾病，这些不幸会让人感到沮丧。然而这些并不是最重要的，因为改变命运的权力是掌握在我们自己手中的。人生奋斗之路，我们无法选择起点，但是我们可以选择方向。

年轻人应该清楚地认识到自己的出身和过去不是最重要的，

重要的是如何把握现在和将来，选择要走一条什么样的路。

威尔玛·鲁道夫从小就"与众不同"，因为小儿麻痹症，不要说像其他孩子那样欢快地跳跃奔跑，就连正常走路都做不到。寸步难行的她非常悲观和忧郁。随着年龄的增长，她的忧郁和自卑感越来越重，她甚至拒绝所有人的靠近。但也有例外，邻居家的残疾老人是她的好伙伴。老人在一场战争中失去了一只胳膊，但他非常乐观，她也喜欢听老人讲故事。

有一天，她被老人用轮椅推着去附近的一所幼儿园，操场上孩子们动听的歌声吸引了他俩。当一首歌唱完，老人说道："让我们为他们鼓掌吧！"她吃惊地看着老人，问道："你只有一只胳膊，怎么鼓掌啊？"老人对她笑了笑，解开衬衣扣子，露出胸膛，用手掌拍起了胸膛……

那是一个初春的早晨，风中还有几分寒意，但她突然感觉自己的身体里涌起一股暖流。老人对她笑了笑，说："只要努力，一个巴掌也可以拍响。你一定能站起来的！"那天晚上，她让父亲写了一张纸条贴在墙上："一个巴掌也能拍响！"从那之后，她开始配合医生做运动。无论多么艰难和痛苦，她都咬牙坚持着。有一点进步了，她又以更大的努力，来求更大的进步。甚至父母不在家时，她自己扔开支架，试着走路……钻心的痛苦牵扯到筋骨。她坚持着，相信自己能够像其他孩子一样行走、奔跑。11 岁时，她终于扔掉支架，开始向另一个更高的目标努力着：锻炼打篮球和参加田径运动。

1960 年，罗马奥运会女子 100 米决赛，当她以 11 秒 18 的成绩第一个撞线后，掌声雷动，人们都站起来为她喝彩，齐声欢呼着她的名字："威尔玛·鲁道夫！威尔玛·鲁道夫！"那一届奥运

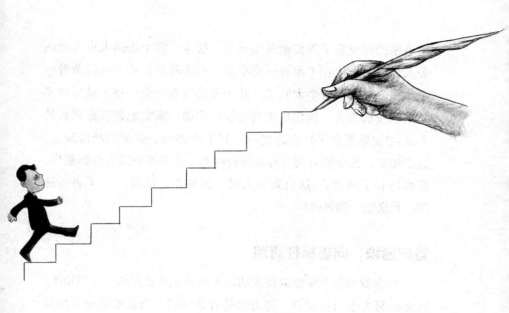

会上，威尔玛·鲁道夫成为当时世界上跑得最快的女人，她共摘取了三枚金牌，也是第一个黑人奥运女子百米冠军。

威尔玛·鲁道夫一出生就不幸患上了小儿麻痹症，曾很长一段时间为此感到沮丧，但最终她还是选择了坚强，选择了与疾病做斗争。最终她战胜了疾病，并且创造了辉煌。

有这样一则笑话：

一天，在一座监狱门前站着三个人。他们将一起在这里度过三年的时光。监狱长允许他们每个人提一个要求。那个美国人爱抽雪茄，要了三箱雪茄；那个法国人非常浪漫，要了一个美女为伴；而那位犹太人却提出，他要一部能够和外界沟通的电话。三年很快就过去了。第一个冲出来的是美国人，嘴巴和鼻孔里都塞满了雪茄，一边跑，一边大声地嚷嚷："给我火，给我火！"原来他进来的时候忘了跟监狱长要火了。接着，那个法国人也和他的美人出来了。他左手抱着一个小孩，右手和那位美女共同牵着一个小孩。美女挺着个大肚子，肚子里还怀着一个小孩。最后出来的是那位犹太人，他快步走到监狱长面前，紧紧地握住监狱长的手说："太感谢您了！在这里我学到了更多的、更新的经商理念。这三年来，我能够时刻与外界保持联系，生意不但没有受到损失，反而增长了两倍。"这位犹太人挺了挺胸膛，说道："为了表示感谢，我送您一辆奔驰！"

## 看树插秧，向着标杆直跑

20多岁的男人要想取得成功，方向是非常重要的，方向错了，再怎么努力也只是徒劳。努力也是有条件的，当你陷进泥塘里的时候，就应该知道及时爬出来，远远地离开那个泥塘。有人说，这个谁不会啊！而事实上，不会的人很多。比如一家不适合自己的公司，一堆被套牢的股票，一场"三角"或"多角"恋爱，或者一个难以实现的梦想……在这样的境遇里，你再怎样挣扎也无济于事，真正聪明的做法就是调整方向，重新来过。

也许有人会说，这有什么不懂，谁都不是傻子。不过在现实生活中，确实有一些人在做着无谓的斗争与努力，就像是已经坐上了反方向的公共汽车，还要求司机加快速度一样。有好心人告诉他停止前进，重新选择方向的时候，他还振振有词，自己不愿意下车。于是就把责任推给售票员，是售票员没有阻止自己登上汽车；于是就努力说服司机改变行车路线，试图让他跟着自己的"正确"路线前进；于是说服自己坚持坐到底，因为在999次失败后也许就是最后的成功……

在 20 世纪的 40 年代，有一个年轻人，先后在慕尼黑和巴黎的美术学校学习画画。"二战"结束后，他靠卖画为生。

一日，他的一幅未署名的画，被他人误认为是毕加索的画而出高价买走。这件事情给了他一个启发，于是他开始大量地模仿毕加索的画，并且一模仿就是 20 多年。

20 多年后，他一个人来到西班牙的一个小岛，他渴望安顿下来，筑一个巢。他又拿起画笔，画了一些风景画和肖像画，每幅都签上了自己的真名。但是这些画过于感伤，主题也不明确，没有得到认可。更不幸的是，当局查出他就是那位躲在幕后的假画制造者，考虑到他是一个流亡者，所以没有判他永久的驱逐，而判了他两个月的监禁。

这个人就是埃尔米尔·霍里。毋庸置疑，埃尔米尔有独特的天赋和才华，但是由于没有找准自己努力的方向，终于陷进泥淖，不能自拔，并终究难逃败露的结局。最可惜的是，他在长时间模仿他人的过程中渐渐迷失了自己，再也画不出真正属于自己的作品了。对人生而言，努力固然重要，但是更重要的则是选对努力的方向。

选对方向，及时调整方向应该是最基本的生活常识，就像我们会经常听见有人聊天：

——工作怎么样啊？

——嗨，凑合，混口饭吃吧！

既然只能是"凑合"着"混饭"吃，那为什么不去选择一份更适合自己，自己更喜欢的工作呢？

看树插秧，向着标杆直跑，才能以最快的速度到达终点。如果你发现自己现在所从事的工作并不适合自己，就要赶紧调整前进的方向，不要担心来不及，如果你一直这样瞻前顾后，畏缩不前，那将丧失大好的时机。当你确实发现自己真的走错了方向时，最好先静下来想一想，然后再去努力寻找新的机会，并在新的领域里重新开始，立志有所作为。要知道当你找到了正确的方向，世界便也为你让路，而那种明知自己走错了路，又前怕狼后怕虎的人，只能是独自悲叹，甚至虚度一生！

# 第二章

## 选一种姿态，让自己活得无可替代

## 他人只是看客，你的人生你自己掌握

"要做自己生命的主人""要自己掌握自己的命运"，其中的道理每个人都知道，但实际上，很多人却并没有真的做到。想一想，你有没有经历过下面的场景：你刚刚毕业，还没有找到工作，突然一个熟人很热情地给你介绍了一份工作，虽然这份工作并不符合你的专业方向，薪酬也并不合适，但因为不好意思推辞，就接受了。结果这份工作果然非常糟糕，最终你忍无可忍辞了职。虽然这份工作浪费了你大量的精力和时间，但你却没人可埋怨，他人并不对你的人生负有责任。谁让你当初不好意思拒绝呢？

每个人的手掌上都有三条手线：一条是生命线，一条是事业线，还有一条叫爱情线。有相信手相的人，总是喜欢从这几条线中反复观察，希望能看出自己未来生命的路径。但是，当你把手展开，再握起拳头的时候，你的生命线、事业线、爱情线，以至于其他的全部命运，其实都只存在于你自己的手中。

我们习惯说"习惯决定性格，性格决定命运"，这句话有一定的道理。我们的人生之中可以走的路看似很多，但其实只有一条，除了现在的选择，你没法做别的选择。即使你做了一个很后悔的错事，但如果让你的生命再重过一遍，我相信你还是会走到现在的位置上来。就像上学的时候做的考试题，我们总是在同一个地方犯错误，因为"你"没有变，除非有一个很深的记忆让你改变了自己的思维，否则你永远会顺着原路一直走到死，这就是性格决定命运的原因。

一个印第安长老曾经说过一段话："你靠什么谋生，我不感兴趣。我想知道你渴望什么，你是不是能跟痛苦共处，而不想去隐藏它、消除它、整修它；你是不是能从生命的所在找到你的源头；我也想要知道你是不是能跟失败共存；我还想要知道，当所有的一切都消逝时，是什么在你的内心支撑着你；我想要知道你是不是能跟你自己单独相处，你是不是真的喜欢做自己的伴侣，在空虚的时刻里。"自己就是自己最大的财富，不要怪别人没有给你机会，每个人的机会全部都是自己给的。

在第二次世界大战中，美国士兵肯尼斯不幸被俘，随后被送到一个集中营里。集中营恐怖的气氛无时无刻不在缠绕着他，在他精神几近崩溃的时候，他看到室友的枕头下有一本书，他翻读了几页，爱不释手。他以请求的语气问那个室友："可以借给我看吗？"答案当然是否定的，那本书的主人不大愿意借给他。

他继续请求："你借给我抄好吗？"这次，那位室友爽快地答应了他的要求。

肯尼斯一借过那本书，一刻也没有耽误，马上拿来稿纸抄写。他知道，在这个混乱的环境中，书随时有可能会被它的主人索回，他必须抓紧时间。在他夜以继日、不休不眠的努力下，书终于抄完了。就在他将书还回去的一个小时后，那个借给他书的室友被带到了另一个集中营。从此，他们再也没有见过面。

在这个集中营里，肯尼斯待了整整三年，而那本手抄的书也整整陪了他三年。每当他被恐惧与绝望逼得发疯的时候，他都紧紧攥着那本书，用书中的道理鼓舞着自己，直到恢复自由。

有人总喜欢将自己的命运依附在其他人身上，想靠别人的力量将自己拉出苦海。结果却往往事与愿违。因为不管是谁，都无法了解你的全部感觉，即使他们为你提供了机会，也未必是你想要的。

有的人每天唱着《明日歌》浑浑噩噩，做任何事情都拖拖拉拉，末了找借口推卸责任。这样的人最危险，因为拖拖拉拉就意味着事情的延误。对生命来说，拖延是最具破坏性、最危险的恶习。拖延不仅导致财力、物力和人力的损失，也浪费了宝贵的时间，丧失了完成工作的最好时机。而对个人来说，因为拖延，你耽误了时机，结果失败了，打击了你的自信心，从此你也许会丧失主动做事的进取心。如果拖延形成了习惯，你又难以改变这种习惯，那你也终将一事无成。

有些人非常善于为自己的失败找到各种各样的借口，来解释自己为什么没有达到想要的目标。即使自己没完成，他们也会说"这个事情没那么简单，谁来做都不可能在这么短的时间内完成"。如果有人完成了，他们也会说"那只是他们运气好罢了"。他们习惯了为自己找借口、找台阶下。

如果你发觉自己经常因为做事拖延而找借口，那么，你应该主动铲除身上这种坏毛病，好好检讨一下自己，别再拿那些借口为自己开脱，在没想到其他的办法之前，最好的办法就是立即行动起来，赶紧做你该做的事情。

你怎样对待时间，时间就怎样对待你。如果将今天该做的事拖延到明天，即使到了明天也无法做好。做任何事情，应该当天的事情当日做完，如果不养成这种工作态度，你将与成功无缘。所以，正确的做事心态应该是：把握今天，展望明天，从我做起，从现在做起。谁也没有拯救你的义务，不要将命运交托在其他人的手中。

一个勤奋的艺术家为了不让自己的每一个想法溜掉，当他的灵感来时，会立即把灵感记下来——哪怕是半夜三更，也会从床上爬起来，在自己的笔记本上把灵感给予他的启示记下来。优秀的艺术家老早就形成了这个习惯，他们知道灵感来之不易，来了如果白白溜走了，也许会遗憾终生。从我做起，从现在做起，就是叫你立即行动起来，不再延误，这是任何一个成功者的法宝。

也许你每天有很多期望，想做这件事，又想做那件事，比如你想和家人共度一个周末，又想构思下个季度的工作计划。或者你想好好放松一下，自己好好独处，又想参加朋友的聚会，沟通人际关系。结果，因为选择困难，什么也没有去做。

每一件事你只是在想，没有让自己用行动去落实，结果，一拖再拖，所有想做的事情都延误了。为什么会这样？因为你没有养成从现在做起的习惯，你是一位伟大的空想家，不是行动家。真正做事的人就像比尔·盖茨说的那样：想做的事情，立刻去做！当"立刻去做"从潜意识中浮现时，就立即付诸行动。

在古代有一个人，非常喜欢收藏古画，但他又非常懒，每次买完画之后总是懒得挂在墙上，而是都堆在地上，很快就落了一层灰尘。来他家里看画的朋友都劝他把画挂起来，他也想这样做，但是一想到得清理，又得固定，他就懒得动了，就放弃了这个念头。

直到有一天，突然下起了大雨。为了不让放在地上的画被水溅湿，他很不情愿地把画从满是尘土的墙角下取出来，然后抹去灰尘，钉上钉子，挂起来。忙完之后，当他惬意地坐在椅子上欣赏这些画时，他惊奇地发现，从清理到把画挂上来，前后总共才用了 20 分钟。他原来以为需要花费半天时间的。

他想，早知道这样，早点把它们挂上来多好！

就像你给朋友回信，如果某封信需要回复，在你看完信之后应该马上动手写回信。如果拖延，过了几天，可能需要回的信件不止一封，而且，当你决定回信时，你得一封一封重读一次，然后再写回信。你看，这样多费心，浪费多少时间。如果你当场读完立即回信，就省了好多事，这就是立即行动与拖延的最大差别。

庄子在《逍遥游》中说过，人要无所待，才能达到真正自由的境界，如果要依靠外力，就永远达不到真正的逍遥。有的事，如果你不做，没有人可以替你做；你的命运，如果你不想改变，没有人可以替你改变。如果你不想在此时付出努力，一味地跟从别人想让你走的道路，或者不好意思拒绝别人的期望，就必然会在以后的某一时刻，付出更大的代价。

## 即使无人喝彩，也要为自己点赞

生活中总有些人说自己患了"陌生人恐惧症"，见了生人不敢说话，见了熟人却口若悬河。还有些人把自己人际关系的失败归结为羞怯，所以才不好意思当众说话，不好意思向外人表达自己的看法，不好意思麻烦别人，等等。

其实，这些表面上是因为不好意思而发生的事情，其深层原因都是自卑。之所以不敢袒露自己的内心，是因为担心自己的看法会被别人批评，担心别人会嘲笑自己，担心会受到轻视，等等，这些都是自卑的表现。

要想突破不好意思的屏障，首先就要学会自我肯定。一个真正自信的人，会勇敢地表达自己，而不是只想得到外界的认同而

委屈自己，更不会不好意思活出自己。

　　都说自信的女人最美丽，其实不只是女人，任何一个人只要拥有自信，都会散发出一种独特的魅力，但是有一些人却曲解了自信的意思，譬如一些"打鸡血"式的培训，用一些激励性的语言和动作，唤起人内心的热情，但是，这些外在的力量就如兴奋剂一样，刚开始确实能在短期内达到爆发的效果，但是时间一长，很多问题就出现了。一旦脱离了那个环境，这种状态也就消失了，这样的自信就不是真正的自信。所以，真正的力量只能来源于自己的心，而不是依靠任何外物。

　　春秋战国时代，一位父亲和他的儿子出征打战。父亲已做了将军，而儿子还只是一名普通士卒。又一阵号角吹响、战鼓雷鸣，父亲庄严地托起一个箭囊，里面插着一支箭。父亲郑重地对儿子说："这是一支家传宝箭，佩带在身边将会力量无穷，但切记不可抽出来。"

儿子仔细地打量着父亲递过来的"传家宝"，那是一个极其精美的箭囊，由厚牛皮打制，镶着幽幽泛光的铜边儿，而后面露出的箭尾一眼便能认定是用上等的孔雀羽毛制作。儿子看后喜上眉梢，贪婪地想象着箭杆和箭头的模样，耳旁仿佛都听到嗖嗖的箭声掠过，敌方的主帅应声落马而毙。

果不其然，佩带宝箭的儿子战场上英勇非凡，所向披靡。当鸣金收兵时，儿子再也禁不住得胜的豪气，完全背弃了父亲的叮嘱，强烈的欲望驱赶着他呼的一声从锦囊中拔出宝箭，试图看个究竟。可是骤然间眼前的一幕让他惊呆了。这是一支断箭，箭囊里装着的竟然是一支折断的箭。而他还一直挎着支断箭在打仗！儿子被眼前的一幕吓出了一身冷汗，仿佛顷刻间失去支柱的房子，意志轰然坍塌了。儿子捧着断箭呆呆地立于战场上，这时，敌军的一支冷箭射向了他。结果不言自明，儿子惨死于胜利之时。蒙蒙的硝烟散去，父亲捡起那柄断箭，沉痛地叹息道："不相信自己的意志，是永远也做不成将军的。"

将战争的胜利全寄托在一支宝箭上，这样的想法是幼稚的，甚至可以说是愚蠢的。

有句话说"知人者智，自知者明"，所谓知人者，知于外；自知者，明于道。能认识别人的叫作机智，能认识自己的才叫作高明；能战胜别人的叫作有力，能克制自己的人才算刚强。如果只是把自己的自信依托在外物之上，永远不是一个真正的觉悟者。

人都要有一种自我肯定的精神。美国黑人的教科书上是这样写着："黑，是世界上最美的颜色。"这就是一种积极的自我肯定，一个能够随时充实自己、填补自己的人，自然能够拥有自信，自我肯定更是不在话下；而一个没有信心的人，终将无法给人以信心，一件连自己都不能肯定的事情，又怎么能去期望别人去肯定呢？

生活中，人们也总喜欢拿自己去跟别人在不同的方面做比较。如果自己过得比对方好，就扬扬得意；如果自己比对方过得差，就觉得丢脸。甚至在比较的过程中，用错了方法，总拿自己的短处和别人的长处比，最后因为贪羡别人而妄自菲薄，甚至自怨自艾，这样的心态是十分不健康的。

自然界有一个著名的吸引力法则，这个法则认为：你生活中的所有事物都是你吸引过来的，是你大脑的思维波动所吸引过来的。所以，你将会拥有你心里想得最多的事物，你的生活，也将变成你心里最经常想象的样子。

所以，当你觉得一切都在你的掌握之中时，这种感觉本身就能很好地帮助你实现目标。这种自信的感觉会帮助你有选择，而不是被动地接受所面临的各种事情，你可以将看似无绪的一堆问题分解成若干具体的小事，一件件来应付。完成一件，就在清单上划去一件，并告诉自己：我才是我人生的主宰。

要知道：一味地妄自菲薄，不仅是对自己的一种不尊重，更是一种不负责任的行为。能力是培养出来的，本事也是练出来的，对自己多一分肯定，便多了一分信心和希望，要想得到他人的认可，首先少不了自己的肯定。每天对着镜子说声我爱我自己，无论什么事情都相信自己一定能行，那么人生还有什么不可能，还有什么不可以的呢？

## 允许别人指点，但谢绝指指点点

从前，一个农夫养了一只小猴和一头小驴。

小猴乖巧伶俐，整天在主人的房顶蹦来跳去，非常讨主人喜欢。每当家里有客人来时，主人都会让小猴出来逗逗趣，并向他人夸赞小猴聪明、可爱。而此时的小驴却只能在磨坊里默默地拉磨。时间久了，小驴觉得心里很委屈，很不平衡。它也想像小猴一样讨主人的赞赏。

有一天小驴终于鼓足了勇气，踩着墙边的柴垛，颤颤巍巍地登上了房顶。谁知，还没等它蹦起来，主人的房瓦就被他踩坏了。主人闻声把小驴从房上拖下来就是一顿暴打。小驴的心里更委屈了，它不明白，为什么小猴这样蹦来跳去主人就开心，还大加赞赏，换成自己却要挨打呢？

其实，生活中很多人都有过像小驴一样的困惑：为什么同样一件事，他人做效果就很好，自己做却是完全不同的待遇。其实，这只是问题的表象，此时我们真正应该认识到的问题是：是什么让我们选择放弃原来的自己而去模仿他人，在流言蜚语中迷失方向，失去自我，找不准自己的位置呢？

其实，还是你自己心里本身就对自己没有一个清晰的定位。所以才会在各种不同的意见中迷失，不好意思真正做自己罢了。

"你是谁或你将成为谁"，回答这个问题最多的人不是你自己，而是围绕在你身边的人们。人们总是喜欢对他人评头论足，指指点点。那是因为很多人的眼睛只是看到他人，却不容易看清自己。

在我们的成长过程中，就会受到这些人的影响。大家都认为我性格内向，我就真的表现得寡言少语。大家认为我应该当老师，我就真的在报考志愿时首选了师范专业。诸如此类，我们生活中的很多选择和判断会受到他人的影响。

正如网络上流行的一段话："你选择了父母喜欢的学校，选择了热门且好就业的专业，凭什么要过你想要的生活。"是呀，当你总是受他人观点的影响做自己的判断和选择，你就没有理由再来抱怨为什么你不能做自己喜欢做的事。如果你想要追求自己的生活，就要学会让自己内心的声音发出来，盖过他人的言论，只听从自己的内心。

有这样一个故事：

一个乞丐在街边靠乞讨和贩卖铅笔为生。很多人从他身边走过，都会同情地投给他几枚硬币，然后便离开。所以，他的铅笔其实无所谓卖或不卖，没有人真正关心，连他自己也不关心自己的铅笔到底卖了多少。

有一天，一个富商从路边经过，看到可怜的乞丐，同样顺手投给了乞丐几枚硬币，富商正要转身离去，忽然又停了下来，退回几步来到乞丐面前，说："我付了钱，还没有拿走我的铅笔，我们都是商人。"几年以后，这位富商参加一个上流社会的高级酒会，一位衣冠楚楚的先生走过来向他敬酒："先生，我要谢谢您。"

富商很诧异："可是，我好像不认识你。"这位先生说："几年前，我在路边卖铅笔，您曾经买过我的铅笔。所有的人都觉得我是个乞丐，而只有您告诉我，我们都是商人。所以，我要感谢您，是您鼓励了我。"

一个在路边靠卖铅笔乞讨的人，有人定位他是乞丐，有人定位他是商人，其中的关键不是别人，而在于他自己。如果他就认为自己是个乞丐，也许他会甘于每日收取路人投过来的硬币，以此为生。但他给自己定位是一位商人，不管自己当时卖的是多么廉价的铅笔，最终，他会像个商人一样去经营自己的事业和人生，成就不一样的自己。

不是所有人都很清楚自己的定位，或者心里明明有着对自我的定位，却因为外界的环境影响而动摇，跟风、模仿，企图通过复制他人的成功而更快地成就自己，结果往往是弄巧成拙，欲速则不达。

一味地东施效颦，往往会迷失自我。而坚守自我，找到自己的位置，却可以打造一个属于自己的舞台。坚守自我是要认清自己的能力，发挥自己的潜能，不断提升自我。坚守自我是绝不墨守成规，而是倾听自己的声音，抵抗他人的干扰，真正地做自己。

## 做个坚定的人，听从你内心的声音

回顾自己的一生，想想在自己已经走过的人生道路上，有多少选择没有遵从自己的本意，而服从了大众的评判标准？有没有因为一个大众眼里的稳定工作，放弃了自己的理想？有没有因为不好意思当大众眼里的"大龄剩女"，而选择一个不爱的人走入婚姻殿堂？有没有因为惧怕丢面子，而在一段无望的婚姻中挣扎？

因为不好意思，而做的那些违心决定，真的堵住悠悠众口了吗？其实，这个世界上，除了自己，没有人能够为你的人生负责。所以，你是怎样的人，你有怎样的生活，怎样的成就，怎样的人际关系，都在于你自己的选择。

如果给你一个重新选择的机会，你会选择赚钱多的工作，还是自己喜欢的工作？如果你可以抛去金钱的因素、世俗的眼光，你最想做的工作是什么？你还会坚持现在的选择吗？我相信很多人都会给出否定的答案。我也曾经用这个问题问过很多人，大家的回答五花八门，有人希望做一个园艺师，有人希望可以独自去流浪，有人想做一个花店的老板娘，还有人想开一家精致优雅的咖啡店……

而现实中的他们却可能是会计师、政府公务员、企业高管，等等，在令人仰视的职位上拿着令人垂涎的薪水。没有人知道他们心里最朴素的愿望。愿望与现实的差距，造成了他们的不快乐，甚至有很多人整日处在抱怨声中，抱怨生活不如意，抱怨工作压力大。他们或许总是在向别人解释，现在的样子并不是自己想要的生活。可是越是抱怨"这不是我想要的生活"的人，其实越不知道自己到底想要什么。如果这不是你想成为的样子，那么你知道自己想要成为什么样的人吗？

有人说，如果你做着自己喜欢的工作，那么从早上九点到晚上六点你是快乐的；如果你找到了一个你爱的人，那么从晚上六点到早上九点你是快乐的。但现在很多年轻人在选择工作的时候，都有一种普遍的浮躁心理，只看到了工作的薪水、前景、保险，等等，却唯独忘了问问自己心里的声音，你能不能从这份工作里获得成就感，你能不能保持自己对生活的激情？

实现这个目标的关键，就在于你能不能听从自己内心的声音。只有一个内心坚定的人，才能抵挡现实中的种种诱惑。

小时候大家爱看动画片，长大了喜欢看一夜致富的神话。前者是因为一个不起眼的小女孩，能够顿时飞上枝头成凤凰。而一个平凡的人，能够因为某个机会，立刻赚得大钱，多么振奋人心，多么引人入胜，令众人羡慕不已！因此，正如拍电影、写小说为追求戏剧效果、吸引观众，必须放弃冗长无聊的细节，而将一个白手起家的富人或一家成功的企业，全归功于一两次重大的突破，把一切的成就全归功于少数几次的财运。戏剧的手法就把漫长的财富累积过程完全忽略了。但是小说归小说，电影归电影，现实生活中不可能有那么肤浅而富戏剧性的事情。

中国有句古语："淫慢则不能励精，险躁则不能冶性。"可以说我们现在的社会是一个浮躁的社会，金钱、欲望、低俗、焦虑充斥在人们的生活中，流光溢彩的大千世界，每个人似乎都难以抑制那颗躁动的心，它簇拥着你义无反顾地冲向前面不可名状的诱惑。这种种的诱惑中有虚无缥缈的名，有金光闪闪的利。这令人眼花缭乱的名利，是让人浮躁的根源。

尤其是那些涉世未深、一文不名的年轻人，总愿意听到"身边人"讲的发财的传奇故事和高额回报的生财之道，幻想着自己是剧中的主人公，希望自己也能一觉醒来是富翁，天上的馅饼砸自己的头。有的年轻人，自己身无分文，在社会上毫无根基，还是一个伸手族、啃老族和失业者，却不肯扎扎实实地靠诚实劳动来自立自强，总想走捷径、赚大钱，当大款。这种浮躁的心理，危害真是太大了！它驱使一些本来十分优秀的青年铤而走险，最后，钱没赚到多少，却毁了自己美好的前程。

## 世界那么大，勇敢做自己

这个世界上我们每个人都是独一无二的奇迹，都是自然界最伟大的造化，长得完全一样的人以前没有，现在没有，将来也不会有。

既然你是世上独一无二的个体，你的思想、你的内在，别人都无法模仿，那你就一定要信心十足地活出自我的风采。

当16岁的索菲亚·罗兰刚刚迈入电影业大门时，并没有引起人们的注意。相反，很多摄影师都对她提出了否定看法：鼻子太长，臀部太发达，无法把她拍得美丽动人。在众人的一致反对声中，导演不得不与索菲亚·罗兰商量弥补缺陷的办法。

一天，导演把索菲亚·罗兰叫到办公室，以不容分辩的口吻对她说："我刚才同摄影师开了个会，他们说的结果全一样，那就是关于你的鼻子，你如果要在电影界做一番事业，那你的鼻子就要考虑作一番变动，还有你的臀部也该考虑削减一些。"

也许换了别人，面对这一打击，早就自卑得不再上镜了，而索菲亚·罗兰却认为自己的长相是无可厚非的。她对导演说道："我当然知道我的外形跟已经成名的那些女演员很不一样。她们都相貌出众，五官端正，而我却不是这样。我的脸毛病太多，但这些毛病加在一起反而会更具魅力！如果我的鼻子上有一个肿块，我会毫不犹豫就把它除掉。但是，说我的鼻子太长，那是毫无道理的。鼻子是脸的主要部分，它使脸有特点。我喜欢我的鼻子和脸本来的样子。我的脸的确与众不同，但是我为什么非要长得和别人一样呢？至于我的臀部，不可否认，我的臀部确实有点发达，但那也是我的一部分。我为自己感到自豪，我什么也不愿改变。"

导演被她这异乎寻常的表现感染了。从那以后，他再也没有提及她的鼻子和臀部。后来，索菲亚·罗兰取得了人所共知的成就，成为了世界超级女影星。

切记：你的最可靠的指针，是接受你自己的意见，尽你所能去好好生活。

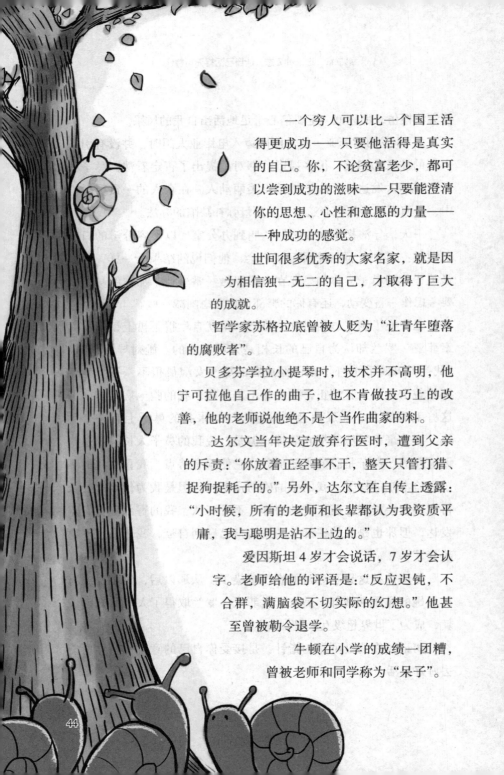

一个穷人可以比一个国王活得更成功——只要他活得是真实的自己。你，不论贫富老少，都可以尝到成功的滋味——只要能澄清你的思想、心性和意愿的力量——一种成功的感觉。

世间很多优秀的大家名家，就是因为相信独一无二的自己，才取得了巨大的成就。

哲学家苏格拉底曾被人贬为"让青年堕落的腐败者"。

贝多芬学拉小提琴时，技术并不高明，他宁可拉他自己作的曲子，也不肯做技巧上的改善，他的老师说他绝不是个当作曲家的料。

达尔文当年决定放弃行医时，遭到父亲的斥责："你放着正经事不干，整天只管打猎、捉狗捉耗子的。"另外，达尔文在自传上透露："小时候，所有的老师和长辈都认为我资质平庸，我与聪明是沾不上边的。"

爱因斯坦4岁才会说话，7岁才会认字。老师给他的评语是："反应迟钝，不合群，满脑袋不切实际的幻想。"他甚至曾被勒令退学。

牛顿在小学的成绩一团糟，曾被老师和同学称为"呆子"。

罗丹的父亲曾怨叹自己有个白痴儿子，在众人眼中，他曾是个前途无"亮"的学生，艺术学院考了三次还考不进去。他的叔叔曾绝望地说：孺子不可教也。

《战争与和平》的作者列夫·托尔斯泰读大学时因成绩太差而被劝退。老师认为他"既没读书的头脑，又缺乏学习的兴趣"。

如果这些人不相信世间有着独一无二的自己，不尽力发出自己的声音，而是被别人的评论所左右，怎么能取得举世瞩目的成就？

所以说，真正成功的人，不在于成就的大小，而在于你是否努力地去实现自我，发出属于自己的声音。

我们应该明白这样一个道理：不能表现出自我本色者注定要失败，而且失败得更快。一个人想要集他人所有的优点于一身，是最愚蠢、荒谬的行为。你无须按照他人的眼光和标准来评判甚至约束自己，你无须总是效仿他人。保持自我本色，这是最重要的一点。我们每个人都是世上独一无二的，你就是你自己。不要因他人的论断而阻滞了自己前进的步伐，要知道，世界因你而独特。

## 人海茫茫，活出自己的模样

增强自信心最好的办法，是保持你原有的个性和特质，塑造一个真我。内在的修养是最宝贵的。一个真正懂得与时代共舞的人，绝不会因场合或对象的变化，而放弃自己的内在特质，盲目地去迎合别人。你要作为你自己出现，而不是为了别的什么。我们时常发现一些人，他们总觉得自己不如别人，于是随着环境、对象的变化而不断改换自己，结果弄得面目全非。

保持一个真实的自我并不等于要标新立异，甚至明明知道自己错了，或具有某种不良习惯而固执不改。保持真我，是保持自己区别于他人的独特、健康的个性。这种人是真正具有自信心的人。

那些具有个性的人，当然更具备无穷的魅力。他们无论在何种情况下，都会保持一个真实的自我，并会恰到好处地表现自己独有的一切，包括表情、手势、语言，等等。因此，充满自信地在他人面前展现一个真实的自我吧，不必为讨好他人而刻意改变自己，尽力成就真实的自我，用你的坦诚赢得他人的坦诚，以自信的步伐行进在人生的路上。

只有那些没有自信心的人，才会无原则地迎合他人。"如何保持自己的本色，这一问题像历史一样古老，"詹姆斯·季尔基博士说，"也像人生一样的普遍。"不愿意保持自己的本色，包含了许多精神、心理方面潜在的原因。安古尔·派克在儿童教育领域曾经写过数本书和数以千计的文章。他认为："没有比总想模仿其他人，或者做除自己愿望以外的其他事情的人更痛苦的了。"

这种渴望做与自己迥然相异的人的想法，在好莱坞女性中尤其流行。山姆·伍德是好莱坞最知名的导演之一。他说当他在启发一些年轻女演员时，所遭遇到的最令人头痛的问题，是如何让她们保持本色。她们都愿意做二流的凯瑟琳·赫本。"这些套路的演技观众已经无法容忍了，"山姆·伍德不断地对她们说，"你们更需要塑造出自己新的东西。"

美国素凡石油公司人事部主任保罗曾经与6万多名求职者面谈过，并且曾出版过一本名为《求职的6种方法》。他说："求职者最容易犯的错误就是不能保持本色，不以自己的本来面目示人。他们不能完全坦诚地对人，而是给出一些自以为你想要的回答。"

可是，这种做法毫无裨益，没有人愿意聘请一个伪君子，就像没有人愿意收假钞票一样。

著名心理学家玛丽曾谈到那些从未发现自己的人。在她看来，普通人仅仅发挥了自己 10% 的潜能。她写道："与我们可以达到的程度相比，我们只能算是活了一半，对我们身心两方面的能力来说，我们只使用了很小一部分。也就是说，人只活在自己体内有限空间的一小部分里，人具有各种各样的能力，却不懂得如何去加以利用。"

你我都有这样的潜力，因此不该再浪费任何一秒钟。你是这个世界上一个全新的东西，以前从未有过，从开天辟地一直到今天，没有任何人和你完全一样，也绝不可能再有一个人完完全全和你一样。遗传学揭示了这样一个秘密，你之所以成为你，是你父亲的 24 个染色体和你母亲的 24 个染色体在一起相互作用的结果，48 个染色体加在一起决定你的遗传基因。"每一个染色体里，"据研究遗传学的教授说，"可能有几十个到几百个遗传因子——在某些情况下，一个遗传因子都能改变一个人的一生。"毫无疑问，我们就是这样"既可怕又奇妙地"被创造出来的。

也许你的母亲和父亲注定相遇并且结婚，但是生下孩子正好是你的机会，也是 30 亿分之一。也就是即使你有 30 亿个兄弟姐妹，他们也可能与你完全不同。这是推测吗？不是，这是科学事实。

你应该为自己是这个世界上全新的个体而庆幸，应该充分利用自然赋予你的一切。从某种意义上说，所有的艺术都带有一些自传体性质。你只能唱自己的歌，只能画自己的画，只能做一个由自己的经验、环境和家庭所造成的你。无论好坏，都得自己创造一个属于自己的小花园；无论好坏，都得在属于你生命的交响乐中演奏自己的小乐器。

千万不要模仿他人。让我们找回自己，保持本色。

## 自信，人生才能有幸

有一个墨西哥女人和丈夫、孩子一起移民美国，当他们抵达德州边界艾尔巴索城的时候，她丈夫不告而别，离她而去。留下她束手无策地面对两个嗷嗷待哺的孩子。22岁的她带着不懂事的孩子，饥寒交迫。虽然口袋里只剩下几块钱，她还是毅然地买下车票前往加州。在那里，她给一家墨西哥餐馆打工，从大半夜做到早晨6点钟，收入只有区区几块钱。然而她省吃俭用，努力储蓄，希望能做属于自己的工作。

后来她要自己开一家墨西哥小吃店，专卖墨西哥肉饼。有一天，她拿着辛苦攒下来的一笔钱，跑到银行申请贷款，她说："我想买下一间房子，经营墨西哥小吃。如果你肯借给我几千块钱，那么我的愿望就能够实现。"一个陌生的外国女人，没有财产抵押，没有担保人。她自己也不知能否成功。但幸运的是，银行负责人佩服她的胆识，决定冒险资助……15年以后，这家小吃店扩展成为全美最大的墨西哥食品批发店。她就是拉梦娜·巴努宜洛斯，曾经担任过美国财政部长。

这是一个平凡女人的自信带来的成功。自信使她白手起家寻求生路，自信给了她战胜厄运的勇气和胆量，自信也给她带来了聪明和智慧。任何人都会成功，只要你肯定自己、相信自己一定会成功，那么你将如愿以偿。

自信与胆量密切相关，自信可以产生勇气，同样，勇气也可以产生自信，而缺乏胆量或过分地自我批判都会削弱自信。

自信是成功人生的最初的驱动力，是人生的一种积极的态度和向上的激情。

同是阴雨天气。自信的人在灵魂上打开一扇天窗，让阳光洒在心里，由内而外透射出来，神采奕奕精力充沛，温暖让你感觉得到。自卑的人却在灵魂上打了一排小孔，让阴雨渗进去，潮湿的霉气散发出来，她站在阴暗的边缘，不小心看都看不出来。

同是看一个人，一个比自己优秀的人。自信的人懂得欣赏，并在欣赏的过程中充实自己，相信"我可以更好"；自卑的人萌生嫉妒，并在嫉妒的过程中不断丑化对方，让自己相信"原来我看错了"。

相隔并不遥远，就像在有雾的天气里近处的一盏路灯。灯光暗淡，光影模糊，感觉很有一段距离。然而等太阳出来，云雾散去，才发现原来那盏灯就在眼前。

这个时代充斥着物欲的身影和浮躁的气息，自信在不经意间就成了一种奢侈。时下所谓的自信，多流于无知的轻率或任性的固执，或目空一切，或刚愎自用，或一意孤行。人们把目光短浅的狂妄叫作自信，却不在意其盲目。人们把阻言塞听的自负叫作自信，却不在意其狭隘。人们把掩耳盗铃的鲁莽叫作自信，却不在意其愚昧。自信仿佛成了点缀个性的奢侈品，体现性格的装饰物。所以，真正的自信是一种睿智，那是胸有成竹的镇定，是虚怀若谷的坦荡，是游刃有余的从容，是处乱不惊的坦然。

自信不是初生牛犊不怕虎的意气，也不是搬弄教条的冥顽。自信不是孤芳自赏，不是夜郎自大，也不是毫无根据地自以为是和盲目乐观。自信的魅力在于它永远闪耀着睿智之光。它是深沉而不浅表的，是一种有着智慧、勇气、毅力支撑的强大的人格力量。

真正自信者，必有深谋远虑的周详，有当机立断的魄力，有坚定不移的矢志，有雍容大度的豁达。它蕴涵在果决刚毅的眉宇之间，是夸父追日，生生不息。它潜藏在宽阔博大的襟怀之中，是高瞻远瞩，胸怀全局。它浮现在力挽狂澜的气势之上，是审时度势，取舍自如。

乐观的态度、自信的人生，是充实而又富有的，是另一种别样的财富，这种财富只有拥有了乐观自信的人才会拥有它。

## 相信自己，你将无所不能

为什么不多给自己一些信心呢？还是那句老话：成功从自信开始，自信是成功的基石。

一位原籍北京的中国留学生刚到加拿大的时候，为了寻找一份能够糊口的工作，他骑着一辆旧自行车沿着环加公路走了数日，替人放羊、割草、收庄稼、洗碗……只要给一口饭吃，他就会暂且停下疲惫的脚步。一天，在唐人街一家餐馆打工的他，看见报纸上刊出了加拿大电信公司的招聘启事。留学生担心自己英语不地道，专业不对口，他就选择了线路监控员的职位去应聘。过五关斩六将，眼看他就要得到那年薪 3.5 万的职位了，不想招聘主管却出人意料地问他："你有车吗？你会开车吗？我们这份工作时常外出，没有车寸步难行。"

加拿大公民普遍拥有私家车，无车者寥若晨星，可这位留学生初来乍到还属无车族。为了争取这个极具诱惑力的工作，他不假思索地回答："有！会！"

"10 天后，开着你的车来上班。"主管说。

　　10 天之内要买车、学车谈何容易，但为了生存，留学生豁出去了。他从华人朋友那里借了 500 加元，从旧车市场买了一辆外表丑陋的"甲壳虫"。第一天他跟华人朋友学简单的驾驶技术，第二天在朋友屋后的那块大草坪上模拟练习，第三天歪歪斜斜地开着车上了公路，中间他通过了驾照考试，领取了临时驾照，第 10 天他居然驾车去公司报了到。时至今日，他已是"加拿大电信"的业务主管了。

　　吴士宏是我们耳熟能详的名人。在吴士宏走向成功的过程中，她初次去 IBM 面试那段最值得称道了。当时的她还只是个小护士，抱着个半导体学了一年半许国璋英语，就壮起胆子到 IBM 去应聘。

　　那是 1985 年，站在长城饭店的玻璃转门外，吴士宏足足用了五分钟的时间来观察别人怎么从容地步入这扇神奇的大门。两轮的笔试和一次口试，吴士宏都顺利通过了。面试进行得也很顺利。最后，主考官问她："你会不会打字？"

　　"会！"吴士宏条件反射般地说。

　　"那么你一分钟能打多少？"

　　"您的要求是多少？"

　　主考官说了一个数字，吴士宏马上承诺说可以。她环顾了四周，发现现场并没有打字机，果然考官说下次再考打字。

　　实际上，吴士宏从来没有摸过打字机。面试结束，她飞也似的跑了出去，找亲友借了 170 元买了一台打字机，没日没夜地敲打了一个星期，双手疲乏得连吃饭都拿不住筷子了，但她竟奇迹般地达到了考官说的那个专业水准。过好几个月她才还清了那笔债务，但公司也一直没有考她的打字功夫。

　　吴士宏的成功经历告诉我们：自信是走向成功的第一步，当你用满腔的自信去迎接考验时，就相当于打响了走向成功的第一炮！

有些人和身边的朋友亲人可以自由地侃侃而谈，而遇到陌生的却很关键的场面就会变得很怯场，等于人为地为自己的成功之路设置了障碍。

美国一位职业指导专家认为，"21世纪人们首先应当学会的是充满自信地推荐自己的技能"。可见，在现代社会，面试过程中如何自信自如地把自己推荐给主考官是决定一生的大事。所以，每一个人都应当高度重视，记住：成功从自信开始，要想赢得一生的辉煌，就首先要满怀热诚地相信自己。

第三章

人生最大的失败不是跌倒，而是从来不敢向前奔跑

## 幻想不劳而获，就是把命运拱手让出

20多岁的年轻男人总是幻想奇迹的出现。期望成功、乐于梦想固然是没错，然而我们却不是脚踏实地靠自身的努力去实现，而是寄希望于幸运。不愿意付出努力，想不劳而获，最终只能是一事无成。

韩非子在《五蠹》中叙述的一个"守株待兔"的故事，大家都很熟悉：农夫很幸运地捡到一只撞死在树桩上的兔子，这种得来不费功夫的美事让他非常满意，于是他每天守着树桩等着捡兔子，以致田地荒芜。

农夫因为一次幸运而怀着侥幸的心理期待不劳而获，结果荒废了田地。

事情往往是这样，那些心存侥幸、寄希望于幸运的人往往会双手空空、一无所获。我们必须清楚这样一个事实：所有的成功都是通过一步步努力工作和耐心积累才得以实现的，没有付出努力就没有收获。

在很久以前，泰国有个叫奈哈松的人，一心想要成为一个富翁。他觉得成为富翁的捷径便是学会炼金之术。于是，他把全部的时间、金钱和精力，都用在了炼金术的实验中。不久他花光了自己的全部积蓄，家中变得一贫如洗，连饭都没得吃了。妻子无奈，跑到父亲那里诉苦。她父亲决定给女婿点教训。

岳父让奈哈松前来相见，并对他说："我已经掌握了炼金之术，

只是现在还缺少一样炼金的东西……"奈哈松急切地想要知道是什么，问道："快告诉我还缺少什么？"他岳父回答说："那好吧，我可以让你知道这个秘密。我需要3公斤香蕉叶下的白色绒毛。这些绒毛必须出自你亲手栽种的香蕉树。等到收齐绒毛后，我便告诉你炼金的方法。"按照岳父的话，奈哈松回家后立刻在已荒废多年的田地里种上了香蕉。为了尽快凑齐绒毛，他除了种以前自家就有的田地外，还开垦了大量的荒地。当香蕉长熟后，他便小心地从每张香蕉叶下收刮白绒毛。而他的妻子和儿女则抬着一串串香蕉到市场上去出售。就这样，10年过去了，奈哈松终于收集够了3公斤绒毛。这天，他一脸兴奋地拿着这些绒毛来到岳父的家里，向岳父讨要炼金之术。岳父指着院中的一间房子说："现在，你把那边的房门打开看看。"奈哈松打开了那扇门，立即看到满屋金光，里面全是黄金，他的妻子、儿女都站在屋中。妻子告诉他，这些金子都是他这 10 年里所种的香蕉换来的。面对着满屋实实在在的黄金，奈哈松恍然大悟。

别幻想世上有什么"炼金术"，获得黄金的唯一办法就是踏实努力地工作。然而我们很多人总还是抱有幻想，希望自己能在马路上捡到一大摞钞票，希望自己能中大奖，却对成功致富的大道视而不见，这样寻求成功和财富难道能够成功？

我们必须明确：主观上不努力，却一心想获得意外成功的人，就如同守株待兔的农夫一样，只会荒废自己的生命。所以我们要丢掉不劳而获的幻想，别把自己的命运交到"幸运"手里，只有将命运抓在自己手里才能感到安全和真实。

## 宁要一个完成，不要千万个开始

天下最可悲的一句话就是："我当时真应该那么做，但我却没有那么做。"经常会听到 30 多岁的男人说："如果我 20 多岁时就开始那笔生意，早就发财了！"一个好创意胎死腹中，真的会让人叹息不已。一个人被生活的困苦折磨久了，如果有了一个想要改变的梦想，那他已经走出了第一步，但是若想看见成功的大海，只走一步又有什么用呢？

英国前首相本杰明·狄斯雷利曾指出，虽然行动不一定能带来令人满意的结果，但不采取行动就绝无满意的结果可言。

因此，如果你想取得成功，就必须先从行动开始。

每天不知会有多少人把自己辛苦得来的新构想丢掉，因为他们不敢执行。过一段时间以后，这些构想又会回来折磨他们。

因此，你如果想要获得成功，就只有行动起来，这样才能最终摆脱命运的折磨。

曾亲眼目睹两位老友因车祸去世而患上抑郁症的美国男子沃特，在无休止的暴饮暴食后，体重迅速膨胀到了无法控制的地步，直线逼近200公斤。当逛一次超市就足以让沃特气喘吁吁缓不过劲儿时，沃特意识到自己已经到了绝境。绝望之中的沃特再也无法平静，他决定做点什么。

打开年轻时的相册，里面的自己是一个多么英俊的小伙子啊。深受刺激的沃特决定开始徒步美国的减肥之旅，他迅速收拾好行囊，拖着接近200公斤的庞大身躯出发了。穿越了加利福尼亚的山脉，行走了新墨西哥的沙漠，踏过了都市乡村、旷野郊外……整整一年时间，沃特都在路上。他住廉价旅馆，或者就在路边野营。他曾数次遇到危险，一次在新墨西哥州，他险些被一条剧毒的眼镜蛇咬伤，幸亏他及时开枪将之打死。至于小的伤痛简直就是家常便饭，但是他坚持走过了这一年，一年后，他步行到了纽约。

他的事情被媒体曝光后，深深触动了美国人的神经。这个徒步行走、立志减肥的中年男子，被《华盛顿邮报》《纽约时报》等媒体誉为"美国英雄"，他的故事感动了美国。不计其数的美国人成为沃特的支持者，他们从四面八方赶来，为的就是能和这个胖男人一起走上一段路。每到一个地方，就会有沃特的支持者们在那里迎接他。

当他被美国收视率最高的节目之一——《奥普拉脱口秀》请到现场时，全场掌声雷动，为这个执着的男人欢呼。出版商邀请他写自传，电视台找他拍摄专辑……更不可思议的是，他的体重成功减掉了 50 公斤，这是一个多么惊人的数字！

许多美国人称：沃特的故事使他们深受激励，原来只要行动，生活就可以过得如此潇洒。沃特说这一切让他意外："人们都把我看作是一个美国英雄式的人物，但我只是一个普通人，现在我意识到，这是一次精神的旅行，而不仅仅是肉体。"他的个人网站"行走中的胖子"吸引了无数访问者，很多慵懒的胖子开始质疑自己："沃特可以，为什么我不可以？"

徒步行走这一年，沃特的生活发生了巨变。从一个行动迟缓的胖子到一个堪比"现代阿甘"的传奇式人物，沃特用了一年，他的收获绝不仅仅是减肥成功这么简单。放弃舒适的固有生活，做一种人生的改变，人人都可以做到，但未必人人愿意行动。所以，沃特成功了。

一个人的行为影响他的态度。行动能带来回馈和成就感，也能带来喜悦，通过潜心工作得到自我满足和快乐，这是其他方法不可取代的。如果你想寻找快乐，如果你想发挥潜能，如果你想获得成功，就必须积极行动，全力以赴。

所以，只要付诸行动，没有什么不可以。勇敢行动起来，创造自己生命的奇迹吧！

## 从现在开始干，而不是站在旁边看

一个生动而强烈的意象突然闪入脑际，使作家生出一种不可阻遏的冲动——想提起笔来，将其记录下来。但那时他有些不方便，所以没有立刻就写。那个意象不断地在他的脑海中活跃、催促，然而他最终没有行动，后来那意象逐渐模糊、暗淡了，直至完全消失！

　　一个神奇美妙的印象突然闪电般地侵入一位艺术家的心间，但是，他不想立刻提起画笔将那不朽的印象绘在画布上。这个印象占据了他全部的心灵，然而他却不跑进画室埋首挥毫，最后，这幅神奇的印象也渐渐从他的心间消失了。

　　像这样有了想法却不行动、一拖再拖的人还有很多。但是，如果想要达成心中的愿望，我们最好从现在就开始行动。

　　其实，不管是什么事情，最好的行动时机就是现在。今天的想法就由今天来决断，因为明天还有明天的事情、想法和愿望。但是，生活中就有那么一些人，在做事的过程中养成了拖延的习惯，今天的事情不做完，非得留到以后去做。其实，把今日的事情拖到明日去做，是不划算的。有些事情当初做会感到快乐、有趣，如果拖延几个星期再去做，便会感到痛苦、艰辛。而且，时下的经济形势也不容许我们做事拖沓，如果我们把一切事情都拖到明天来完成，那么很快我们就会在工作中被淘汰。

　　著名作家玛丽亚·埃奇沃斯在自己的文章中写过这么一段有深刻见解的话："如果不趁着一股新鲜劲儿，今天就执行自己的想法，那么，明天也不可能有机会将它们付诸实践；它们或者在你的忙忙碌碌中消散、消失和消亡，或者陷入和迷失在好逸恶劳的泥沼之中。"

　　常常会有这样的时候：我们深陷在对昨天伤心往事的懊悔中，期待明天会有不一样的艳阳高照，却独独忽视了今天的存在。"将来我要做政府高官，改变大多数人的生活"，"我将来的发明肯定能解决现在争论不休的问题"，"将来我会成为世界上最富有的人"……对年轻的我们来说，过去还不怎么值得回味，展望未来，信口开河又不用负责，成了大家平常的乐事。但事实上，我们除了现在、此刻，一无所有。你以为明天还会和今天一样，但有时候频繁的自然灾害等也给了我们小小的提醒：明天并不一定会到来。

1871 年春天，一个蒙特瑞综合医院的医学学生偶然拿起一本书，看到了书上的一句话，就是这句话，改变了这个年轻人的一生。它使这个原来只知道担心自己的期末考试成绩、自己将来的生活何去何从的年轻的医学院学生，最后成为了他那一代最有名的医学家。他创建了举世闻名的约翰·霍普金斯学院，被聘为牛津大学医学院的讲座教授，还被英国国王册封为爵士。他一生的事迹用厚达 1466 页的两大卷书才记述完。

他就是威廉·奥斯勒爵士，而下面，就是他在 1871 年看到的由汤冯士·卡莱里所写的那句话："人的一生最重要的不是期望模糊的未来，而是重视手边清楚的现在。"

42 年之后，在一个郁金香盛开的温暖的春夜，威廉·奥斯勒爵士在耶鲁大学做了一场演讲。他告诉那些大学生，在别人眼里，曾经当过四年大学教授，写过一本畅销书的他，拥有的应该是"一个特殊的头脑"，可是，他的好朋友们都知道，他其实也是个普通人，他所取得的一切，只是因为他注重今天。

时间并不能像金钱一样让我们随意储存起来，以备不时之需。我们所能使用的只有被给予的那一瞬间——此刻。所谓"今日"，正是"昨日"计划中的"明日"；而这个宝贵的"今日"，不久将消失到遥远的彼方。对于我们每个人来讲，得以生存的只有此刻——过去早已逝去，而未来尚未来临。昨天，是张作废的支票；明天，是尚未兑现的期票；只有今天，才是现金，具有流通的价值。所以，不要老是惦记明天的事，也不要总是懊悔昨天发生的事，把你的精神集中在今天。对于远方将要发生的事，我们无能为力。杞人忧天，对于事情毫无帮助。所以记住：你现在就生活在此处此地，而不是遥远的地方。

如果你感到不安、恐惧，过多的顾虑只能增加你的这种不安感。行动起来，你会发现原来并没有什么可怕的。但又有人问：何时行动是最好的呢？回答就是现在！现在就行动！

其实，人不仅要在现在行动，也只能选择在现在行动。

一个人不可能丧失过去和未来，一个人没有的东西，有什么人能从他那里夺走呢？唯一能从人那里夺走的只是现在。任何人失去的不是什么别的生活，而只是他现在所过的生活；任何人所过的也不是什么别的生活，而只是他现在所过的生活。最长的和最短的生命就如此成为同一。

这是一个哲学式的分析，我们可以还原到生活中来理解。

生活中常有这种事情：来到眼前的往往轻易放过，远在天边的却又苦苦追求；占有它时感到平淡无味，失去它时方觉可贵。可悲的是，这种事情经常发生，我们却依然巴望那些"得不到"的，跌入这种"得不到的总是最好的"的陷阱中，从而遗失了我们身边的宝贝。

让我们重温《钢铁是怎样炼成的》当中的那段名言：

"人最宝贵的东西是生命，生命属于我们只有一次。一个人的生命是应该这样度过的：当他回首往事的时候，他不会因虚度年华而悔恨，也不会因碌碌无为而羞耻。这样在临死的时候，他就能够说：'我的生命和全部的经历，都献给世界上最壮丽的事业——为人类的解放而斗争。'"

我们也许可以不必在乎周围的一切，但是必须珍惜现在拥有的一切，好的、不好的；令人欢喜的，令人忧愁的。少些许遗憾，多几分坦然，即使有朝一日你将失去，那么你也会无怨无悔地说：我曾珍惜了我所拥有的。

抓住了"此刻"，就是给自己一个良好的重新开始的机会。而之后的每一个"此刻"你都能抓住；放弃了现在，就像倒下了的多米诺骨牌，之后的无数个"现在"也会被卷进来耗损掉。20多岁的年轻人，好好把握现在吧！

## 提高行动力，你才比别人更有竞争力

敢于行动的人改变了这个世界，敢于行动的人才会获得成功。再好的创意，若没有付诸行动，就看不到成果，便毫无价值可言。虽然行动不一定能带来令人满意的结果，但不采取行动就绝无满意的结果可言。因此，如果你有创意，想取得成功，就必须有所行动。

我国著名企业家史玉柱的成功就在于敢于把创意大胆地付诸行动。当年在深圳开发 M-6401 桌面排版印刷系统，史玉柱的身上只剩下了 4000 元钱，他却向《计算机世界》订下了一个 8400 元的广告版面，唯一要求就是先刊广告后付钱。他的期限只有 15 天，前 12 天他都分文未进，第 13 天他收到了三笔汇款，总共是 15820 元，两个月以后，他赚到了 10 万元。史玉柱将 10 万元又全部投入做广告，四个月后，史玉柱成为了百万富翁。这段故事至今为人们津津乐道。

婷美集团的创建人周枫，一个卖靠女人内衣成功的男人，当年带人做婷美，一个 500 万元的项目，做了两年多，花了 440 万元还是没有做成。合作伙伴都失去了信心，要周枫把这个项目卖了。周枫就自己把项目买了下来。从此，周枫带着23名员工，把自己的房子抵押上了，还跟几个朋友借了300万元。他把其中5万元存在账上，另外的钱，他算过，一共可以在北京打两个月的广告，从当年的11月到12月底。他告诉员工，这回做成了咱们就成了，不成，你们把那5万块钱分了，算是你们的遣散费，我不欠你们的工资。咱们就这样了！这些话把他的员工感动得要哭，当时人人奋勇争先，个个无比卖力，结果婷美就成功了。周枫成了亿万富翁，他的许多员工成了千万富翁、百万富翁。

在以上两个故事中，如果两个人只有创意，而没有大胆地付诸行动的话，那一切可想而知。

记住：切实执行你的创意，以便发挥它的价值，不管创意有多好，除非真正身体力行，否则，永远没有收获。

天下最可悲的一句话就是：我当时真应该那么做，但我却没有那么做。经常会听到有人说："如果我当年就开始做那笔生意，早就发财了！"一个好创意胎死腹中，真的会叫人叹息不已，永远不能忘怀。如果真的彻底施行，当然就有可能带来无限的满足。

只有行动会产生结果，比尔·盖茨认为成功就要知道成功的人都采取什么样的行动。有很多人这么说："成功开始于想法。"但是，只有这样的想法，却没有付诸行动，还是不可能成功的。

你必须研究成功者每一天都在做些什么，他们到底做了哪些跟你不一样的事，假如你可以像他们一样勤于行动，那么，你一定会成功。

相形之下，很多人饱食终日，不运动，不学习，不成长，每天在抱怨一些负面的事情，他们哪来的行动力？

要当一个成功者，必须积极地努力，积极地奋斗。成功者从来都是行动者，并且，他们不会等到"有朝一日"再去行动，而是今天就动手去干。他们忙忙碌碌尽己所能干了一天之后，第二天又接着去干，不断地努力、失败，再努力、再失败，直至成功。

成功者一遇到问题就马上动手去解决。他们不会花费时间去发愁，因为发愁不能解决任何问题，只会不断地增加忧虑、浪费时间。当成功者开始集中力量行动时，立刻就兴致勃勃、干劲十足地去寻找解决问题的办法。

失败者总是考虑他的那些"假若、如何"，所以他们在"如何"和"假若"中度过了他们的一生，最终当然是一事无成。

总是谈论自己可能已经办成什么事情的人，不是进取者，也不是成功者，而只是空谈家。实干家是这么说的："假如说我的成功是在一夜之间来临的，那么，这一夜乃是无比漫长的历程。"

不要期待时来运转，也不要因为等不到机会而恼火和委屈，要从小事做起，要用行动去争取胜利。再好的创意，不付诸行动也只能落得"胎死腹中"的下场。

## 与其坐而言，不如起而行

世界上有两种人：空想家和行动者。空想家们善于谈论、想象、渴望，甚至于设想去做大事情；而行动者则是去做！空想家，似乎不管怎样努力，都无法让自己去完成那些他知道自己应该完成或是可以完成的事情。

著名作家海明威小时候很爱空想，于是父亲给他讲了这样一个故事：

有一个人向一位思想家请教："你成为一位伟大的思想家，成功的关键是什么？"思想家告诉他："多思多想！"

这人听了思想家的话，仿佛很有收获。回家后躺在床上，望着天花板，一动不动地开始"多思多想"。

一个月后，这人的妻子跑来找思想家："求您去看看我丈夫吧，他从您这儿回去后，就像着了魔一样。"思想家跟着到那人家中一看，只见那人已变得形销骨立。他挣扎着爬起来问思想家："我每天除了吃饭，一直在思考，你看我离伟大的思想家还有多远？"

思想家问："你整天只想不做，那你思考了些什么呢？"

那人道："想的东西太多，头脑都快装不下了。"

"我看你除了脑袋上长满了头发，收获的全是垃圾。"

"垃圾？"

"只想不做的人只能生产思想垃圾。"思想家答道。

我们这个世界缺少实干家，而从来不缺少空想家。那些爱空想的人，看似满腹经纶，实际上是思想的巨人，行动的矮子；这样的人，只会为我们的世界平添混乱，自己一无所获，而不会创造任何的价值。

在父亲的教导下，海明威后来终其一生都喜欢实干而不是空谈，并且在其不朽的作品中，塑造了无数推崇实干而不尚空谈的"硬汉"形象。作为一个成功的作家，海明威有着自己的行动哲学。"没有行动，我有时感觉十分痛苦，简直痛不欲生。"海明威说。正因为如此，读他的作品，人们发现其中的主人公们从来不说"我痛苦""我失望"之类的话，而只是说"喝酒去""钓鱼吧"。

海明威之所以能写出流传后世的名著，就在于他一生行万里路，足迹踏遍了亚、非、欧、美各洲。他的文章的大部分背景都是他曾经去过的地方。在他实实在在的行动下，他取得了巨大的成功。

思想是好东西，但要紧的是付诸行动。任何事情本来就是要在行动中实现的。

播下一个行动，你将收获一个习惯；播下一个习惯，你将收获一种性格；播下一种性格，你将收获一种命运。

不要再做梦了，而是拿出你的具体行动来，在你的满屋都贴上一张张的纸条，上面写着："马上行动""马上行动""马上行动"。从空想家转变为行动者的第一步至关重要："每天都尝试去做一点儿你原本不喜欢的事。"乍一看，这一建议似乎不合逻辑，不仅有点儿冒傻气，还带着点儿自虐的意味。然而，我第一次看这句话的时候，便感受到了它所蕴含的智慧。

行动者比空想家做得成功，是因为，行动者一贯采取持久的、有目的的行动，而空想家很少去着手行动，或是刚开始行动便很快懈怠了。行动者具备有目的地改变生活的能力。他们能够完成非凡的事业，不论是开创一家自己的公司，写作一本书，竞选政府官员，还是参加马拉松比赛，以及其他事业。而与此形成鲜明对比的便是，空想家只会站到一边，仅仅是梦想过这些而已。

是什么阻碍了空想家成就事业？难道只是因为对"开始"的畏惧？或是对失败的担忧？或者，是因为空想家不够聪明，缺乏智慧，能力欠缺，还是运气不佳？而究竟又是什么使得行动者能够去做，从而成就了令人满意的事业，而空想家却注定了一个又一个地失败？答案很简单。给予行动者动力的，同时也是阻碍空想家进步的，那都是同样一件事物：行动的习惯！

如果一个人想成功、想赚钱、想人际关系好，可是从不行动；想健康、有活力、锻炼身体，可是从不运动；知道要设目标、订计划，但从来不去做，就算设了目标、订了计划，也不曾执行过；要早起、要努力，可是就是没有行动力——就这样，一天一天抱着成功的幻想，染上失败者的恶习，虚度年华，到最后便只能以失败收场。

每一个成功者都是行动家，不是空想家；每一个赚钱的人都是实践派，而不是理论派。我开始决定，我要养成马上行动的好习惯。

行动是一种习惯，是一种做事的态度，也是每一个成功者共有的特质。

宇宙有惯性定律。什么事情你一旦拖延，你就总是会拖延，但你一旦开始行动，通常就会一直做到底，所以，凡事行动就是成功的一半，第一步是最重要的一步，行动应该从第一秒开始，而不是第二秒。

只要从早上睁开眼睛那一刻开始，你就马上行动起来，一直行动下去，对每一件事都要告诉自己立刻去做，你会发现，你整天都充满着行动力的感觉，这样持续下去，你可能就养成了马上行动的好习惯了。

所以，现在看到这里，请你不要再想了，再想也没有用，去做吧！！任何事情想到就去做！放下书本，现在就做！去行动！

做行动家，不做空想家，为了养成你马上行动的好习惯，请你大声地告诉自己："凡事我要马上行动，马上行动！"连续讲十次，立即行动！只有不断地行动，才能帮你成功。

## 计划好，再奔跑

有本杂志上刊登过这么一个故事：

有一个商人，在小镇上做了十几年的生意，到后来，他竟然失败了。当一位债主跑来向他要债的时候，这位可怜的商人正在思考他失败的原因。

商人问债主："我为什么会失败呢？难道是我对顾客不热情、不客气吗？"

债主说："也许事情并没有你想象的那么可怕，你不是还有许多资产吗？你完全可以再从头做起！"

"什么？再从头做起？"商人有些生气。

"是的，你应该把你目前经营的情况列在一张资产负债表上，好好清算一下，然后再从头做起。"债主好意劝道。

"你的意思是要我把所有的资产和负债项目详细核算一下，列出一张表格吗？是要把门面、地板、桌椅、橱柜、窗户都重新洗刷、油漆一下，重新开张吗？"商人有些纳闷儿。

"是的，你现在最需要的就是按你的计划去办事。"债主坚定地说道。

"事实上，这些事情我早在15年前就想做了，但是一直没有去做。也许你说的是对的。"商人喃喃自语道。后来，他确实按债主的主意去做了，在晚年的时候，他的生意成功了！

做事没有计划、没有条理的人，无论从事哪一行都不可能取得成绩。

　　比如，一架飞机撞山失事了！成群的记者冲向深山，大家都希望能抢先报道失事现场的新闻，其中有一位广播电台的记者拔得头筹，在电视报纸都没有任何资料的情况下，他却做了连续十几分钟的独家现场报道。

　　比如，电影界突然一窝蜂地拍摄有动物参加演出的影片。虽然大家几乎是同时开拍，但是其中有一家，不但推出得早了许多，而且动物的表演也远较别人的精彩。

　　你知道为什么那位记者能抢到头条吗？因为他未到现场之前，先请司机占据了附近唯一的电话，挂到公司，假装有事通话的样子，所以当他做好现场报道的录音，跑到电话旁边，虽然已经有好几位记者等着，他却只是将录音机交给司机，就立刻通过电话对全国听众做了报道。你知道那位导演为什么成功吗？因为在同一时间，他找了许多只外形一样的动物演员，并各训练一两种表演。于是当别人唯一的动物演员费尽力气，也只能演几个动作时，他的动物演员却仿佛通灵的天才一般，变出许多高难度的把戏。而且因为他采取好几组同时拍的方式，剪接起来立刻就可以将电影推出。观众只见其中的小动物，爬高下梯、开门关窗、送花送报，却不知道全是不同的小动物演的。

　　上帝给每个人同样的时间，只有那事半功倍的人才能有过人的成就；也只有知道计划的人，才能事半而功倍。

## 未来是用来打造的，而不是空想

　　成功人士都会谨记工作期限，并清晰地明白，在所有人的心目中，最理想的任务完成日期是——昨天。

这一看似荒谬的要求，是保持恒久竞争力不可或缺的因素，也是唯一不会过时的东西。一个总能在"昨天"完成工作的人，永远是成功的。其所具有的不可估量的价值，将会征服一切。

在新世纪的今天，商业环境的节奏，正在以令人眩目的速率快速运转着。大至企业，小至员工，要想立于不败之地，都必须奉行"把工作完成在昨天"的工作理念。

成功存在于"把工作完成在昨天"的速率之中。有则寓言故事说：

某段时间，因为下地狱的人锐减，阎罗王便紧急召集群鬼，商讨如何诱人下地狱。

群鬼各抒己见。

牛头提议说："我告诉人类：'丢弃良心吧！根本就没有天堂！'"阎王考虑一会儿，摇摇头。

马面提议说："我告诉人类：'为所欲为吧！根本就没有地狱！'"阎王想了想，还是摇摇头。

过了一会儿，旁边一个小鬼说："我去对人类说：'还有明天'！"阎王终于点了头。

也许没有几个人会想到可以把一个人引向死亡的竟然是"还有明天"。

一个连今天都放弃的人，哪有能力和资格去说"还有明天"呢？所以古人说，今日事今日毕。人要学会的不是去设想还有明天，而是要将今天抓在手掌里，将现在作为行动的起点。这样做的时候，你就真正有了明天。可惜许多人到老了才明白这一点。

我们要学会的不是去设想无数的明天，而是要将今天抓在手掌里，将现在作为行动的起点。这样做的时候，你就真正有了明天。

今天该做的事拖到明天完成，现在该打的电话等到一两个小时后才打，这个月该完成的报表拖到下一月，这个季度该达到的进度要等到下一个季度……不知道喜欢拖延的人哪儿来的这么多的借口：工作太无聊、太辛苦，工作环境不好，老板脑筋有问题，完成期限太紧，等等。这样的员工肯定是不努力的员工；至少，是没有良好工作态度的员工。他们找出种种借口来混日子，来欺骗管理者，他们是不负责任的人。

凡事都留待明天处理的行为就是拖延，这是一种很坏的工作习惯。每当要付出劳动时，或要做出抉择时，总会为自己找出一些借口来安慰自己，总想让自己轻松些、舒服些。奇怪的是，这些经常喊累的拖延者，却可以在健身房、酒吧或购物中心流连数个小时而毫无倦意。但是，看看他们上班的模样！你是否常听他们说："天啊，真希望明天不用上班。"带着这样的念头从健身房、酒吧、购物中心回来，只会感觉工作压力越来越大。

不要为拖延找借口。习惯性的拖延者通常也是制造借口与托词的专家。他们每当要付出劳动，或要做出抉择时，总会找出一些借口来安慰自己，总想让自己轻松些、舒服些。对那些做事拖延的人，别人是不可能抱以太高的期望的。

不要为拖延找借口，是法国圣西尔军校奉行的最重要的行为准则，是军校传授给每一位新生的第一个理念。它强化的是每一位学员想尽办法去迅速完成任何一项任务，而不是为拖延完成任务去寻找借口，哪怕看似合理的借口。其核心是敬业、责任、服从、诚实。这一理念是提升企业凝聚力，建设企业文化的最重要的准则。秉持这一理念，众多著名企业建立了自己杰出的团队。

拖延是行动的死敌，也是成功的死敌。拖延使我们所有的美好理想变成空想，拖延令我们丢失今天而永远生活在对"明天"的等待之中，拖延的恶性循环使我们养成懒惰的习性、犹豫矛盾的心态，这样就成为一个永远只知抱怨叹息的落伍者、失败者、潦倒者。

成功学创始人拿破仑·希尔说："生活如同一盘棋，你的对手是时间，假如你行动前犹豫不决，或拖延行动，你将因时间过长而痛失这盘棋，你的对手是不容许你犹豫不决的！"

比尔·盖茨说："我发现，如果我要完成一件事情，我得立刻动手去做，空谈无济于事！"这句话放之四海而皆准。

## 只要你尝试迈步，路就在脚下延伸

一天，8岁的小勇外出玩耍，发现了一只嗷嗷待哺的小麻雀。他决定带回家喂养。走到家门口，忽然想起未经妈妈允许。他便把小麻雀放在门后，进屋请求妈妈。在他的苦苦哀求下，妈妈答应了。但是，当他兴奋地跑到门后时，小麻雀已不见了，看到的是一只刚饱餐一顿的黑猫。

由此可见，"万事俱备"固然可以降低你的出错率，但致命的是，它会让你失去成功的机遇。企盼"万事俱备"后再行动，你的工作也许永远没有"开始"。世间永远没有绝对完美的事。"万事具备"只不过是"永远不可能做到"的代名词。

所以，不管从事什么行业，当你打算做某项工作时，抓住工作的实质，当机立断，立即行动，只有这样，成功才会最大限度地垂青于你。

一位电视台记者在报道纽约世贸中心惨剧时，转述了一位遇难者亲友的话：在大厦倒塌前一刻，他曾收到在大厦内工作的至亲的电话，向他道别。

一瞬间，人就没了。

这突如其来的事故，实在叫人难以接受，但是死亡的到来不总是如此吗？朋友说他太太最希望收到他送的鲜花，但是他觉得太浪费，推说等到以后有钱了天天给她买。结果，在她突然离世后，他只能用最美的鲜花来布置灵堂。

等，等……似乎我们所有的生命，都用了在等待上。"等到我升职后，我就会……""等到我买房子以后……""等我把这笔生意谈成之后……""等我有了钱以后……"，我们总是这样对自己说。

人人都愿意牺牲现在，来换取未来。

许多人认为必须等到某时某事完成后再做也不迟：明天我就开始运动；明天我就会对他好一点；下星期我们就找时间出去走走；退休后，我们就要好好享受一下。然而，人的生命，是何等脆弱！早上醒来时，原本预期过的只是一个平凡无奇的日子，没想到一个意外：交通事故、脑出血、心脏病发作，等等，刹那间生命的巨轮倾覆，突然陷入一片黑暗之中。

那么，我们要如何面对生命呢？

我们不必等到生活完美无瑕，也不必等到一切都安定平稳，才做自己想做的事。今天，想做什么，就开始做。一个人永远也无法预料未来，所以不要延缓想过的生活，不要吝于表达心中的话，因为生命只在一瞬间。

然而，往往在事情到来之时，总是积极的想法先有，然后头脑中就会冒出"我应该先……"，这样一来，你的一只腿就陷入了"万事俱备"的泥潭。一旦陷入，结果就很难说了。你顾虑重重，不知所措，无法定夺何时开始……时间一分一秒地浪费了，你陷入失望情绪里，最终只有以懊悔面对仍悬而未决的工作。

很多时候，你若立即进入工作的主题，会惊讶地发现，如果拿浪费在"万事俱备"上的时间和潜力处理手中的工作，往往绰绰有余。而且，许多事情你若立即动手去做，就会感到快乐、有趣，加大成功概率。一旦延迟，愚蠢地去满足"万事俱备"这一先行条件，不但辛苦加倍，还会失去应有的乐趣。

难怪有人讥讽地评判，说做事奢求"万事俱备"的人，是最容易被失败俘虏的人。从某种意义上讲，"万事俱备"还是个"窃贼"，它会窃取你宝贵的时间和机遇，让你的工作不能迅速、准确、及时地完成，从而毁掉你走入老板视线的机会。

你若希望自己能有一个"积极者"的形象，赶快鞭策自己摆脱"万事俱备"的桎梏，即刻去做手中的工作吧。只有"立即行动"，才能挟制"万事俱备"的"第三只手"，把你从"万事俱备"的陷阱中拯救出来。

立即行动，可以实现你最大的梦想！没有万事俱备的时候，如果在梦想产生时，没有立即行动，就可能因此而失去成功的机会。

第四章

人生没有白走的路，
每一步都算数

## 把"平凡"化成"非凡"的是持续的力量

不积跬步，无以至千里；不积小流，无以成江海。看起来平凡的、琐碎麻烦的工作，只要能以坚忍不拔的意志、坚持不懈的毅力去做，这股持续的力量才是真正的能力，是事业成功的垫脚石，足以体现人生的价值。

有一位大学刚毕业的小伙子，在一家非常普通的公司工作。新员工都是从基层开始做起。很多大学毕业生都在抱怨：这么没有技术含量的工作为什么要我们来做？而这位年轻人却二话没说，每天都认认真真地去完成自己的分内工作，以及每一件领导交代给他的额外任务，而且在空闲之余还主动帮助其他同事做一些最累最辛苦的工作。他的心态良好，没有厌倦工作，反而把事情做得有条不紊。他还是个有心人，他把自己的工作详细地记录下来，一遇到自己搞不定的麻烦，就虚心地去请教老员工。由于他平时经常帮助别人，在他需要帮忙时大家也乐意帮他。时间过了不久，就在他刚刚工作一年的时候，就被提拔做了车间主任；过了两年，他已经是部门的经理了。而和他一起进去的其他大学生，却还在最底层原地不前，每天抱怨不止。

每个人生来都是凡人，是凡人就会做一些平凡的事情，就职于平凡的岗位，从事着平凡的工作。怨天尤人是对自己的不负责，为自己的懒惰找借口。那些靠自己改变命运的人都只是普通人，他们与常人不同的是他们在平凡的工作中付出了巨大的努力，倾注了全

部的热情，忍受了挫折。

　　奥普浴霸的创始人方杰，像一个传奇般的人物。大家觉得他所取得的一切似乎轻而易举，他的事业好像是一蹴而就的。其实不然，方杰早在澳大利亚留学的时候，就有一种学习的意识，他选择到"LIGHTUP"打工，那是澳大利亚最大的灯具公司。当时的他还是个毛头小子，根本还不懂什么叫商业谈判。方杰当时的老板是个生意谈判场上的高手，一有机会与老板一起进行商业谈判，他便用口袋里放的微型录音机把谈判过程全都录下来。回家后，他便一字一句反复地听，揣摩、学习自己的老板分析问题的方法，对方提问的路数，以及老板巧妙回复的答案。就这样，几年后也方杰脱胎换骨，俨然成为了一个商场谈判的高手。他的老板退休后，由方杰接替他的工作。1996 年，方杰几乎成了在澳洲身价排名榜首的职业经理人。再后来，他回国创业，打响了奥普浴霸的品牌。方杰并不是一个做生意的天才，他的非凡才能是通过他自己持续的努力获得的。

在创业者中，除个别几个"新经济"的先锋人物，如深圳网大的黄沁、上海易趣的邵逸波据说才智过人外，其他绝大多数也就是"中人之质"而已。并没有哪个成功者在智力上有极为出类拔萃之处，但是他们有一个共同之处，就是看上去毫不起眼，只是认认真真、孜孜不倦地努力。他们不骄不躁、踏实认真，持续的力量赋予他们超人般的能力。

只有初中学历的忠厚老实略有些愚钝的李齐，经过几十年的认真苦干，最后成了一位非常有人格魅力的优秀的经理。许多老板用人的理念就是：要提拔加倍努力、刻苦钻研、一直拼命地工作的人。

人生的大海，就是每一秒的水滴的积累。罗马不是一天建成的，事业也不是一天完成的。再伟大的理想，也要靠一步一个脚印地征服、实现。稻盛和夫把一项事业的建立比作埃及金字塔的建造，是由许多无名氏，通过艰苦地搬运数以千万的巨大石块，并一块一块地用双手砌上去的。金字塔是令世界惊叹的奇迹，凝结了无数劳动者闪光的汗水和智慧，它对历史的超越源于劳动者持续付出的努力，这正如我们的人生。

托马斯·爱迪生说过，成功中 99% 都是勤奋和汗水。这个世界上的"天才""名人"毫无例外，他们都为自己的事业洒下辛勤的汗水，他们用"持续的力量"击败了命运女神"平凡"的诅咒，杰出和优秀成为他们的特质，"非凡"二字印在他们人生的名片上。

## 做你所爱的事，爱你所做的事

"专注"就是把意识集中在某个特定的欲望上的行为，并要一直集中到找到实现这个愿望的方法，直到成功地将其付诸实践为止。

专注，是效率的保证。假如你能几十年做同样的一件事，你就能把它做好做精，那么，你在这个专业领域也就有了发言权，有了别人无法取代和超越的优势，这样你就能在这个领域牢牢地站稳脚跟，成为一个成功的人。

著名华人物理学家丁肇中先生，仅用五年多时间就获得了物理、数学双学士和物理学博士学位，并于40岁时获得了诺贝尔物理学奖。丁肇中先生曾经这么说："与物理无关的事情我从来不参与。"

英国吉鲁德指出："多数人的失败，往往都不是因为他们无能，而是因为他们心意不专。"

见过攀岩吗？攀登峭壁的人从来不左顾右盼，更不会向脚下的万丈深渊看上一眼，他们只是聚精会神地观察着眼前向上延伸的石壁，寻找下一个最牢固的支撑点，摸索通向巅峰的最佳路线。事业就如同攀岩，只有专注，才能取得成功，达到事业的巅峰。

"专一"是一项困难的功课，却是我们必学的人生科目。

很多人因为曾想做这个、做那个，结果反而一事无成。机会稍纵即逝，一定要坚定你的信念，才能抓住你一直所追求的机会，达到你的目标。

一心一意地专注于自己的工作，是每一位高效能人士获取成功所不可或缺的品质，当你能够这样专注地做每一件事时，成功也就指日可待了。

爱迪生说过，高效工作的第一要素就是专注。他说："能够将你的身体和心智的能量，锲而不舍地运用在同一个问题上而不感到厌倦的能力就是专注。对于大多数人来说，每天都要做许多事，而我只做一件事。如果一个人将他的时间和精力都用在一个方向、一个目标上，他就会成功。"

专注要求我们在做一件事时就要做好它，下面这段摘自名叫《觉者的生涯》的书中的对话，或许能更好地解释这种状态。

释迦牟尼说道："我一时专注于一件事。当我用斋时，我用斋。当我睡觉时，我睡觉。当我谈话时，我谈话。当我坐禅时，我入定。这就是我的实践。"

"不是你一个人这样，我一时也只是做一件事。"释科马上反驳道。

"不，先生，你和我在讲话，但你却怒气冲冲，你憎恨、恼怒。你使你自己激动不已。不要这样，安静下来吧。心平气和地和我谈话。"

能够在每一件事上做到专注，大概只有释迦牟尼才能做到，但是，在工作的时候做到专注，你也可以做到。很简单，全神贯注地做自己手头上的事。

如果你在工作的时候脑子里总是想着当天的热门新闻，或者回味着昨晚的电视节目，或者考虑着怎样完成另外一份工作，那你就连最基本的"专注"都做不到，根本谈不上爱岗敬业，也更谈不上有工作效率，你只会在混乱和无助中了结自己的职业生涯。

只有把专注当作工作的使命去努力完成，并逐步养成专注于工作的好习惯，你的工作才会出效率，也会变得更加富有乐趣。

人的大脑只有在持续不间断地处理一件事情的时候才能发挥最佳作用，只有专注地去做一件事情才能取得最佳的效果。

专注于某一件事情，哪怕它很小，只要你努力去做，总会有不寻常的收获。

## 没有成功的职业，只有成功的事业

工作没有大小，每一项工作就是一个机遇，每一个任务就是一次才能的考验，只有用事业的心做工作的事，我们才能激发出最大的积极性，将事情努力做到尽善尽美。

著名管理大师德鲁克认为，那些只注重过程，不重视结果，只注重权力，不重视业绩的管理者，都是企业的配角，因为他们的行为说明他们不能站在企业的高度，为企业的整体业绩负责。相反，那些注重贡献，对绩效负责的人，无论其职位多低，都是企业的主角，因为他们能从企业的角度出发，能对企业的整体业绩负责，他们才是真正意义上的"高级管理者"。

把自己定位为高级管理者，站在老板的角度思考问题，这样才能自动自发地去工作，才能积极有效地去执行，才能站在更长远的角度去谋划公司的未来。

世上没有可以藐视的工作，也没有毫无价值的工作，只要勤恳地劳动和创造，每一份工作都蕴藏着改变命运的因素，关键在于你如何对待自己的工作。那些只注重高薪却不知道自己还应承担责任的人，无论对自己，还是对老板，都是没有益处的。

吉姆在一家五金商店做售货员，最初时每周只能赚 2 美元。他刚开始工作时，老板就对他说："你必须掌握这个生意的所有细节，这样你才能成为一个对公司有用的人。"

"一周 2 美元的工作，还值得认真去做？"与吉姆一同进公司的年轻同事不屑地说。

对于这个简单得不能再简单的工作，吉姆却干得非常用心。

经过几个星期的仔细观察，年轻的吉姆注意到，每次老板总要认真检查那些进口的外国商品的账单。由于那些账单使用的都是法文和德文，于是，他开始学习法文和德文，并开始仔细研究那些账单。一天，老板在检查账单时突然觉得特别劳累和厌倦，看到这种情况后，吉姆主动要求帮助老板检查账单。由于他干得非常出色，以后的账单就由吉姆接管了。

一个月后的一天，他被叫到一间办公室。老板对他说："吉姆，公司打算让你来主管外贸。这是一个相当重要的职位，我们需要能胜任的人来做这项工作。目前，在我们公司有 20 名与你年龄相当的年轻人，只有你工作踏实、认真，一丝不苟。我在这一行已经干了 40 年，你是我见过的三位真正对工作认真负责的年轻人之一。其他两个人，现在都已经拥有了自己的公司，并且小有建树。"

吉姆的薪水很快就涨到每周 10 美元，一年后，他的薪水达到了每周 180 美元，并经常被派驻法国、德国。他的老板评价说："吉姆很有可能在 30 岁之前成为我们公司的股东。他已经在工作中经过一步步的努力，积累了大量的知识，并以自己的实力得到升迁的机会。"

　　员工为老板打工，老板付给员工报酬，这是员工价值的一种体现。但是，除了工资之外，工作中还蕴含着许多对个人有用的知识。我们在工作中获得的报酬除金钱外，最大的收获就是经验，还有就是良好的培训、职业技能的提高和个人品德的完善。这些东西，如果我们能沉住气，好好地历练自己，让自己在获取知识、运用知识中成长，将会受益一生。这些无形的东西，都是为自己的未来做准备的，再多的金钱都买不来。

　　那些拥有了巨额财富的人，不但每天工作，而且耐得住寂寞与辛劳，工作也相当卖力。在他们看来，薪水只是工作带来的很少一部分报酬，个人乐趣与价值的实现才是更为激动人心的事情。事实上，也恰恰是他们这种超越金钱的积极态度，推动着他们越来越得心应手地调动自我潜能，去创造一个个更为辉煌的成就。

　　那些发展很好的企业往往奉行"利润至上的追求"，即要求公司的员工将目标放在为顾客和社会创造价值上，放在追求自我价值的实现上。这不仅没有妨碍他们获取利润，反而使他们赚取到了比那些一心只想追求利润最大化的企业更多的利润。自我经营的过程本身就是成就顾客和社会价值的过程，同时也是实现自我价值的过程。

　　办公司如此，做工作亦是如此，只要用经营事业的雄心，立足脚下的工作，脚踏实地地前进，就能不断超越自我，创造一个个辉煌。

## 成功不单是做得更多，还是想得更好

"当你快乐时，你要想这快乐不是永恒的。当你痛苦时，你要想这痛苦也不是永恒的。"这就是我们平时说的一种心理暗示的方式，是比较常见的一种心理现象，它是人或环境以非常自然的方式向个体发出信息，个体无意中接受这种信息，从而做出相应的反应的一种心理现象。暗示有着不可抗拒和不可思议的巨大力量。

心理暗示有积极和消极之分，成功心理、积极心态的核心就是自信主动意识，或者称作积极的自我意识，而自信意识的来源和成果就是经常在心理上进行积极的自我暗示。反之也一样，消极心态、自卑意识，就是经常在心理上暗示，而不同的心理暗示也是形成不同的意识与心态的根源。所以说心态决定命运，正是以心理暗示决定行为这个事实为依据的，经常给自己一些积极的心理暗示，你会发现事情变得容易多了。

1960 年，哈佛大学的罗森塔尔博士曾在加州一所学校做过一个著名的实验。

新学期，校长对两位教师说"根据过去三四年来的教学表现，你们是本校最好的教师。为了奖励你们，今年学校特地挑选了一些最聪明的学生给你们教。记住，这些学生的智商比同龄的孩子都要高。"校长再三叮咛：要像平常一样教他们，不要让孩子或家长知道他们是被特意挑选出来的。

这两位教师非常高兴，更加努力教学了。

我们来看一下结果：一年之后，这两个班级的学生成绩是全校中最优秀的。知道结果后，校长如实地告诉这两位教师真相：他们所教的这些学生智商并不比别的学生高。这两位教师哪里会料到事情是这样的，只得庆幸是自己教得好了。

随后，校长又告诉他们另一个真相：他们两个也不是本校最好的教师，而是在教师中随机抽出来的。

可见，积极暗示可以产生巨大的力量。暗示是在无对抗的情况下，通过议论、行动、表情、服饰或环境气氛，对人的心理和行为产生影响，使其接受有暗示作用的观点、意见或按暗示的方向去行动。当在不知情的情况下，给教师和学生双方积极地心理暗示，这两位教师相信自己是全校最好的老师，相信他们的学生是全校最好的学生，学生也相信教他们的老师是全校最好的，这样才使教师和学生都产生了一种努力改变自我、完善自我的进步动力。这种企盼将美好的愿望变成现实的心理，这就是心理暗示的作用。

现今社会，当我们被生活的无奈所困扰的时候，积极的心理暗示同样有作用。如果你是学生，正在为考试所发愁，不如随时告诉自己"这场考试很简单，我一定能够通过的"；假如你是一个遭遇了多次拒绝的求职者，不要难过，多给自己一点"此处不留人，自有留人处"的暗示；如若你是一个事业正蒸蒸日上却即将面临一个重大的挑战的人，那就多提醒自己"一切都会好起来的，凭实力，没有什么是赢不了的"。总之，形形色色的人，形形色色的情况，不管你是失落，还是高兴，也不论你是成功，还是失败，都不要忘记告诉自己"我能行"。

积极的自我暗示，能让我们开始用一些更积极的思想和概念来替代我们过去陈旧的、否定性的思维模式，这是一种强有力的技巧，一种能在短时间内改变我们对生活的态度和期望的技巧。也就是说，我们可以通过有意识的自我暗示，将有益于成功的积极思想和感觉，洒到潜意识的土壤里，并在成功过程中减少因考虑不周和疏忽大意等招致的破坏性后果，全力拼搏，不达目的不罢休。

每个人都应该给自己以积极的心理暗示。任何时候，都别忘记对自己说一声："天生我材必有用。"本着上天所赐予我们的最伟大的馈赠，积极暗示自己，你便开始了成功的旅程。拿破仑·希尔给我们提供了一个自我暗示公式，他提醒渴望成功的人们，要不断地对自己说："在每一天，在我的生命里面，我都有进步。"所以，你通过想象，不断地进行积极的自我暗示，很可能会成为一个杰出者。

## 思想上积极，行动上主动

每个人都渴望成功，企盼成功。为成功而拼搏，就像前往一个遥远的圣地，道路是崎岖而漫长的，那我们用什么办法才能到达成功的巅峰呢？

取得成功的法则一方面是埋头苦干的决心，另一方面是定能成功的确信。只要我们坚持这种态度，永不言弃，那么事态就会出现转机。

无论做什么事情，信心是一切的开端，若没有对成功强烈的愿望，就"看不到"解决困难的办法，成功也就不会向我们靠近。为了变不可能为可能，就要有近似于发疯的强烈的愿望，坚信目标就能够实现并为之不断努力奋勇向前，这是达到目标的唯一方式。

古时候有一个和尚，决定要到南海去，但他身无分文，况且路途遥远，交通又极其不方便，但他没有被这些困难吓倒，他只有一个积极的信念："我行，我一定能到达南海。"于是他便沿途化缘，一步一步往南海的方向迈进。路过一个村庄化缘时，他碰到一个富和尚，富和尚问他："你化缘干什么？"穷和尚回答："我要去南海！"

富和尚不由得哈哈大笑起来："凭你也想到南海，我想到南海的念头已经好多年了，但还一直没有成行。像你这样的人，还没到南海，不是累死就是饿死了，还是找个寺庙安稳度日吧！"穷和尚不为所动，坚定地说："我行，我能成功地到达南海，实现我的目标，因为我对自己充满了信心。"

几年后，穷和尚从南海返回，又遇到了富和尚，这时富和尚还在准备他的南海之行。

穷和尚的故事告诉我们，坚定的信念和积极的行动有巨大的力量，它可以推动着你去做成别人认为不可能成功的事情。

世上没有任何力量能拆散由信念集合在一起的团体，决心和信念结成的长链，可以攀登任何一座峻山险峰。有了"定能成功的确信"，人才会冷静地面对挫折和困难，才有足够的勇气克服阻碍，从逆境中奋起，从失败中走向成功。

英国作家夏洛蒂·勃朗特很小就认定自己会成为伟大的作家。中学毕业后，她开始向成为伟大作家的道路努力。当她向父亲透露这一想法时，父亲却说：写作这条路太难走了，你还是安心教书吧。

她给当时的桂冠诗人罗伯特·骚赛写信，两个多月后，她日日夜夜期待的回信这样说：文学领域有很大的风险，你那习惯性的遐想，可能会让你思绪混乱，这个职业对你并不合适。

但是夏洛蒂对自己在文学方面的才华太自信了，不管有多少人在文坛上挣扎，她坚信自己会脱颖而出。她要让自己的作品出版。终于，她先后写出了长篇小说《教师》《简·爱》，成为了公认的著名作家。

不论环境如何，在我们的生命里，均潜伏着改变现实环境的力量。如果你满怀信心，积极地想着成功的景象，为达到成功的目标而踏实奋进，那么世界的景象就会变成你想要的模样。现实生活中，虽然有很多人想要人际关系更好，收入更高，或者更健康、更成功。但是，不管想达到什么结果，这些结果都要通过你采取的行动来完成。要有更好的行动，就要做更好的决定，而有更好的决定要先有更好的思想。

某位名人说过："无论做什么事都要有必胜的信念，再加上单纯朴实地对待万物的谦虚态度——就能找到平日可能忽视的解决问题的线索。"这就是所谓的决心加信心。我们都坚信那些朴素的观点，成功会向那些吃苦耐劳、拼命努力的人伸出援助之手。所以，要想走上成功之路，就要有必胜的信念和积极的行动。

"世上无难事，只怕有心人。"这句话说得中肯，也很深刻。那种只会说'我不行'而不努力实干的人，怎么会取得成功？只有坚信自己，努力，再努力，才会通向成功。

思想上积极，行动上主动，这才是掌握人生命运的法则。

## 把菜鸟做好，才有望做凤凰

宋代大文豪苏轼说过："天下者，得之艰难，则失之不易；得之既易，则失之亦然。"这句话告诉我们一个简单的道理，我们想要得到一个东西，就要付出努力去不断争取，这可谓是"失之不易"。否则，要而不做，或少做，我们就得不到或容易失去。凡事要得少一点，而向着自己的选择和目标多努力一点，成功也便近在咫尺了。

对艾伦一生影响深远的一次职务提升是由一件小事情引起的。

一个星期六的下午，一位律师（其办公室与艾伦的同在一层楼）走进来问他，哪儿能找到一位速记员来帮忙——他手头有些工作必须当天完成。

艾伦告诉他，公司所有速记员都去看球赛了，如果晚来五分钟，自己也会走。但艾伦同时表示自己愿意留下来帮助他，因为"球赛随时都可以看，但是工作必须在当天完成"。

做完工作后，律师问艾伦应该付他多少钱。艾伦开玩笑地回答："哦，既然是你的工作，大约1000美元吧。如果是别人的工作，我是不会收取任何费用的。"律师笑了笑，向艾伦表示谢意。

艾伦的回答不过是一个玩笑，并没有真正想得到1000美元。但出乎艾伦意料，那位律师竟然真的这样做了。六个月之后，在艾伦已将此事忘到了九霄云外时，律师却找到了艾伦，交给他1000美元，并且邀请艾伦到自己公司工作，薪水比现在高出1000多美元。

一个周六的下午，艾伦放弃了自己喜欢的球赛，多做了一点事情，最初的动机不过是出于助人的愿望，而不是金钱上的考虑。它不仅为艾伦增加了1000美元的现金收入，而且为他带来一项比以前更重要、收入更高的职务。

没想到艾伦是"无心插柳柳成荫"，放弃了自己喜欢的球赛，诚心地助人解决问题，不过是举手之劳而已，但是不仅得到了

1000 美金，还拥有了一份更好的工作。生活中，有时就是这样，我们想要去达到的，却不一定就能实现，而我们努力去做了的，却得到了丰厚的回报。少要多做，少说多做，就是这样一个简单的道理。凡事都要抓在手中，放在脑中，只会为自己徒增烦恼，懂得放下，就得到了轻松。我们总是想要去抓住很多东西，但是我们只有两只手，能抓住的东西毕竟是有限的。那些没必要的，理应放下，而本应该抓住的，抓住了，努力去实现就行了。

一个老人在池塘里种了一片莲花。莲花盛开的时候，引来众人驻足，啧啧称赞。突然一夜狂风暴雨，第二天池塘里的莲花凋零，留下一片狼藉，惨不忍睹。围观的人们纷纷感叹，无比惋惜。有好心人安慰老人，说："天公不作美，没有体恤你种植的辛苦，你真是太可怜了。"老人却宽心一笑，说："这没什么遗憾，更谈不上可怜，我种莲花是为了种植的乐趣，乐趣我早已得到，而莲花的衰败是迟早的事，何必为此感伤呢？"众人闻言无语。

做人需要几分淡泊，只有如此才能豁达地面对人生的得失。

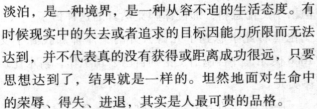

淡泊，是一种境界，是一种从容不迫的生活态度。有时候现实中的失去或者追求的目标因能力所限而无法达到，并不代表真的没有获得或距离成功很远，只要思想达到了，结果就是一样的。坦然地面对生命中的荣辱、得失、进退，其实是人最可贵的品格。

美国著名作家海明威说："只要你不计较得失，人生还有什么不能想法子克服？"得失并不是那么重要，不必总是抓住不放，更重要的是得不到要努力去得到，得到了也不可掉以轻心，要知道如何去留住收获。我们没有必要去要求那么多，或要很多，只要能够把抓在手中的牢牢抓住，就足够了。

不要把想要得到只当作一种无法实现的空想，关键是要去做，要付诸行动。少一些口号，多一些实事求是，脚踏实地，我们才能够得到自己想要的东西。付出多，得到也多，这是亘古不变的因果法则。也许你的投入无法立刻得到相应的回报，不要气馁，应该一如既往地付出。这样回报就可能于不经意间，以出其不意的方式来到你面前。记住，少要多做，你能够把事情做得更好，千万不能捡了芝麻丢了西瓜，行动才是制胜法宝。

## 不要等到别人说，再去做

在工作中你也许会遇到这样的问题，看着自己的上司整天忙个不停，而你却没有事情做，这个时候你要想想自己的清闲未必是一件好事。要不就是上司没有发现你的才能，对你不够信任；要不就是在考查你积极主动做事情的能力。

主动去做公司需要做的事情，不仅仅能打发自己无聊的时光，还可以发挥自己的潜质，让自己在职场上出类拔萃。

企业中每个人都很重要。著名企业家奥·丹尼尔在他那篇著名的《员工的终极期望》中这样写道："亲爱的员工，我们之所以聘用你，是因为你能满足我们一些紧迫的需求。如果没有你也能顺利满足要求，我们就不必费这个劲了。但是，我们深信需要有一个拥有你那样的技能和经验的人，并且认为你正是帮助我们实现目标的最佳人选。于是，我们给了你这个职位，而你欣然接受了。谢谢！在你任职期间，你会被要求做许多事情：一般性的职责，特别的任务，团队和个人项目。你会有很多机会超越他人，显示你的优秀，并向我们证明当初聘用你的决定是多么明智。然而，有一项最重要的职责，或许你的上司永远都会对你秘而不宣，但你自己要始终牢牢地记在心里。那就是企业对你的终极期望——永远做非常需要做的事，而不必等待别人要求你去做。"

这个被奥·丹尼尔称为"终极期望"的理念里蕴涵着这样一个重要的前提：企业中每个人都很重要。作为企业的一分子，你绝对不需要经过任何人的安排，就可以把工作做得漂亮出色。无论你在哪里工作，无论你处于什么职位，在落实的过程中，主动去做需要做的事，都是落实力强的表现。

老吴是个退伍军人，几年前经朋友介绍来到一家工厂做仓库保管员。虽然工作不繁重，无非就是按时关灯、关好门窗、注意防火防盗等，但老吴却做得超乎常人地认真，他不仅每天做好来往的工作人员提货日志，将货物有条不紊地码放整齐，还从不间断地对仓库的各个角落进行打扫清理。

三年下来，仓库居然没有发生一起失火失盗案件，其他工作人员每次提货也都能在最短的时间里找到要提的货物。就在工厂建厂20周年的庆功会上，厂长按老员工的级别亲自为老吴颁发了5000元奖金。好多老员工不理解，老吴才来厂里三年，凭什么能够拿到这个老员工的奖项？

厂长看出了大家的疑惑，于是说道："你们知道我这三年中检查过几次咱们厂的仓库吗？一次没有！这不是说我工作没做到，其实我一直很了解咱们厂的仓库保管情况。作为一名普通的仓库保管员，老吴能够做到三年如一日地不出差错，而且积极配合其他部门人员的工作，对自己的岗位忠于职守，比起一些老员工来说，老吴真正做到了爱厂如家，我觉得这个奖励他当之无愧！"

在众多的经营要素中，是什么决定了一家公司蒸蒸日上而另一家公司步履维艰呢？是在工作中有主见，勇于承担责任，能够主动去做公司需要的事情的人。无论你处在什么岗位，你的上级都期望你能运用个人的最佳判断和努力，为了公司的成功而主动去做公司需要做的事情。主动去做需要做的事，就会减少落实的成本，成本减少就意味着利润的增加。

主动去完成公司需要做的事情，并把这些事做好，你才能提升自己在上司心目中的位置，才会被调到更高的职位，获得更大的成功。在做好上司交代的事情的同时，做好上司没交代，但公司需要做的事情，让你在工作中的时间变得充实而有价值，不但免除了你的精神负担，还让自己得到认可，这样一箭双雕的事情何乐而不为呢？

主动去做需要做的事，是一种境界，也是一种智慧，它不仅能让你得到上司的敬重，也能让你心里踏实、无愧于心。为了组织的成功而主动去做需要的事，也会让自己收获更多的成功的可能。

## 比一般人多做一点，你就是不一般的人

工作当中，常见许多人，喜欢喋喋不休地抱怨自己的工作、自己的上司，甚至于自己的顾客，但却似乎从来没有意识到，他们目前的处境在相当程度上是咎由自取。他们的眼光只注意到那

些消极的东西，并因而觉得命运总是对自己不公。如果有什么事出了岔子，他们的第一反应是责怪上司或公司的其他同事，抱怨没有给予自己足够的资源或者没有预先警示变化的发生。这种人就像是只有发条指令，掀动按钮，才会动一动的"电脑"员工，没有人会欣赏，更没有老板愿意接受。

作为一名上班族，应当把公司的事情当成自己的事，无论老板在不在，都应当发挥主动负责的精神，把公司的事情做好。这是每一位职场人士都应该遵循的职场规则。

威尔逊上大学的时候在一家著名的 IT 公司做兼职，由于表现出色，大学毕业后他成为该公司的一名正式员工，并担任技术支持工程师一职。工作两年后，年仅 24 岁的他被提拔为公司历史上最年轻的中层经理，后来他更因在技术支持部门出色的表现而调去美国总部任高级财务分析师。

初进这家公司，威尔逊只是技术支持中心的一名普通工程师，但他非常想干好这份工作。当时，经理考核他的依据是记录在公司的报表系统上的"成绩单"。"成绩单"月末才能看到。于是他想：如果可以每天得到"成绩单"的报表，经理岂不是可以更好地调配和督促员工？而员工岂不是可以更快地得到促进和看到进步？与此同时，他还了解到现行的月报表系统有一些缺陷。当时另外一家分公司的技术支持中心只有三四十人，如果遇到新产品发布等，业务量会突然增大，或若一两个员工请假，就会有很多工作被耽误。

综合考虑了各种因素后，威尔逊觉得自己有必要设计一个有快速反应能力的报表系统。他花了一个周末的时间写了一个具有他所期望的基础功能的报表小程序。一个月后，威尔逊的"业余作品"——基于 Web 内部网页上的报表开始投入使用，并取代了原来从美国照搬过来的 Excel 报表。在工作上的出色表现，公司总裁看到了他的一些潜质，认为他可以从更高的管理角度思考问题。一年以后，总裁亲自给了威尔逊一个重要的升迁机会，让他担任公司在整个亚洲市场的技术支持总监。

威尔逊是在没有任何人要求的情况下主动改进工作的，他的工作给公司工作效率带来巨大提升，创造了有目共睹的骄人业绩，远远超越了老板的期待。基于此，他在公司中平步青云。

超越老板的期待其实并不难，只要我们多一些主动，多一些敬业，再多一些为企业创造效益的责任感。

具有新时代主人翁精神的员工应当把公司的使命当成自己的使命，积极主动地投入工作，而不是事事等待老板吩咐，只有这样，才能有所成就。

现实恰恰相反，很多人认为："公司是老板的，我只是替别人工作，工作得再多、再出色，得好处的还是老板，于我何益？"有这种想法的人很容易被动工作，天天按部就班地工作，缺乏活力，有的甚至趁老板不在没完没了地打私人电话或无所事事地遐想。这种想法和做法无异于在浪费自己的生命和自毁前程。

美国钢铁大王卡内基曾经说过："有两种人永远都会一事无成，一种是除非别人要他去做，否则绝不主动做事的人；另一种则是即使别人要他做，也做不好事情的人。那些不需要别人催促，就会主动去做应做的事，而且不会半途而废的人必将成功，这种人懂得要求自己多付出一点点，而且比别人预期的还要多。"

在现代社会，虽然服从与执行能力相当重要，但个人的主动进取精神更受老板的重视。对每一个企业和老板而言，他们需要的绝不是那种仅仅遵守纪律、循规蹈矩，却缺乏热情和责任感，不够积极主动、自动自发的员工。所以，我们只有主动进取，才可能备受器重，成就卓越！

第五章
总有些时候，我们
要一个人去战斗

## 对自己狠一点，离成功近一点

有人说，人应对自己狠一点，因为"狠角色"才有福。因为"狠角色"知道在得失中做出选择，他们敢爱敢恨，敢作敢为，即使所做出的选择要承担更多的痛苦，但是只要那是朝着自己的目标接近的，他们就会毫不犹豫，狠下心来去做，直到达成自己的目的。

有一个出身名校的大学生，毕业时考到一个让人们眼红的政府机关，干着一份惬意的工作。

好景不长，她开始陷入苦闷，原来她的工作虽轻松，但与所学专业毫无关系。她可是经济学专业的高才生啊，在机关里并无用武之地。

她想辞职外出闯天下，却又留恋眼下这份舒适的工作。外面的世界虽然很精彩，风险也大啊。无奈之下，她就将自己的困惑告诉了她最敬重的一位长者。长者一笑，给她讲了一个故事：

一个农民在山里打柴时，拾到一只样子怪怪的鸟。那只怪鸟和出生刚满月的小鸡一样大小，还不会飞，农民就把这只怪鸟带回家给小女儿玩耍。

调皮的小女儿玩够了，便将怪鸟放在小鸡群里充当小鸡，让母鸡养育着。

怪鸟长大后，人们发现它竟是一只鹰，他们担心鹰再长大一些会吃鸡。然而，那只鹰和鸡相处得很和睦，只是当鹰出于本能飞上天空再向地面俯冲时，鸡群会产生恐慌和骚乱。渐渐地，人们越来越不满，如果哪家丢了鸡，便会首先怀疑那只鹰——要知道，鹰终归是鹰，生来是要吃鸡的。大家一致强烈要求：要么杀了那只鹰，要么将它放生，让它永远也别回来。因为和鹰有了感情，这家人决定将鹰放生。

谁知，他们把鹰带到很远的地方放生，过不了几天那只鹰又飞回来了；他们驱赶它不让它进家门；他们甚至将它打得遍体鳞伤……都无济于事。

后来村里的一位老人说："把鹰交给我吧，我会让它永远不再回来。"老人将鹰带到附近一个最陡峭的悬崖绝壁旁，然后将鹰狠狠向悬崖下的深涧扔去。那只鹰开始如石头般向下坠去，然而快要到涧底时它终于展开双翅托住了身体，开始缓缓滑翔，最后轻轻拍了拍翅膀，就飞向蔚蓝的天空。它越飞越自由舒展，越飞越高，越飞越远，渐渐变成了一个小黑点，飞出了人们的视野，再也没有回来。

听了长者的故事，年轻的女孩似有所悟。几天后，她辞去了公职外出打拼，终有所成。

面对安逸的工作环境，年轻的女孩没有过多的留恋，而是坚定地选择了自己的道路，这就是"狠角色"的作为。

世界上最可怜又最可恨的人，莫过于那些总是瞻前顾后、彷徨犹豫的人。任何莫名的踌躇、犹豫和毫无主见、优柔寡断，都将使你的才干和智慧受到莫大的损失。如果你有梦想，如果你想改变，一旦时机成熟，那么千万不要犹豫，该出手时就出手，果断地做决定，那么成功就会伴随而来。

有些人简直优柔寡断到无可救药的地步，他们不敢决定种种事情，不敢担负起应负的责任。之所以这样，是因为他们不知道事情的结果会怎样——究竟是好走坏，是凶是吉。他们常常担心今天对一件事情进行了决断，明天也许会有更好的事情发生，以致对今日的决断发生怀疑。许多优柔寡断的人，不敢相信他们自己能解决重要的事情。因为犹豫不决，很多人使他们自己美好的想法陷于破灭。

犹豫不决、优柔寡断是人们成功的仇敌，在它还没有得到伤害你、破坏你的力量，限制你一生的机会之前，你就要即刻把这一敌人置于死地。不要再等待、再犹豫，绝不要等到明天，今天就应该开始。要逼迫自己训练一种遇事果断坚定的能力、遇事迅速决策的能力，对于任何事情切不要犹豫不决。

在生活中，犹豫不决的人随处可见，人常常是软弱的，尤其是在面临选择的时候，如果眼前已经拥有了很好的条件，那么很多人都是不愿意舍弃的。所以，常常为了现时的条件所作用，而不能主控自己，选择自己最喜欢的事情去做。但是，"狠角色"跟其他人不一样，他们有自己的主见，并且不会被眼前的利益所迷惑。尽管所选择的道路上可能充满了荆棘，他们也会毅然决然地走下去。

由此可见，做人要"狠"才能主宰自己的命运，聪明的人，都应该勇敢地做一个"狠角色"。

## 路要自己走，没人能扶你一辈子

依据路径依赖理论，人们一旦做了某种选择，不管该选择是好是坏，都好比走上了一条不归之路，惯性的力量会使这一选择不断自我强化，且不会轻易让你走出去。要想打破路径依赖，我

们就要学会独立自主，掌控自己的命运。

一个登山者，一心一意想登上世界第一高峰。

一切准备就绪，他开始了自己的登山之旅。但是，由于他希望完全由自己独得全部的荣耀，所以他决定独自出发。他开始向上攀爬，但是时间已经有些晚了，然而，他非但没有停下来准备露营的帐篷，反而继续向上攀登，直到四周变得非常黑暗。山上的夜晚显得格外的黑暗，这位登山者什么都看不见。到处都是黑漆漆的一片，能见度为零，因为，月亮和星星被云层给遮住了。

即使如此，这位登山者仍然继续不断地向上攀爬着，就在离山顶只剩下几米的地方，他滑倒了，并且迅速地跌了下去。

他下坠着，脑海中闪过的全是被地心引力吸住而快速下跌的恐怖感觉。在这极其恐怖的时刻，他的一生，不论好与坏，一幕幕地显现在他的脑海中。

当他一心一意地想着，此刻死亡正在如何快速地接近他的时候，突然间，他感到系在腰间的绳子，重重地拉住了他。他整个人被吊在半空中……而那根绳子是唯一拉住他的东西。

在这种上不着天，下不着地，求助无门的境况中，他一点办法也没有，只好大声呼叫："上帝啊！救救我！"

突然间，天上有个低沉的声音回答他："我是上帝。你要我做什么？"

"上帝！救救我！"

"你真的相信我可以救你吗？"

"我当然相信！"

"那就把系在你腰间的绳子割断。"

在短暂的沉默之后，登山者决定继续全力抓住那根救命的绳子。

第二天，搜救队找到了他的遗体，已经冻得僵硬，他的尸体挂在一根绳子上。

他的手紧紧地抓着那根绳子——在距离地面仅仅1米的地方。

新生命的诞生是从剪断脐带开始的，人的一生中，受到的最大束缚就来自人对"绳子"的依赖性。

地理学中的"路径依赖理论"可以很好地解释这个问题。路径依赖是由1993年诺贝尔经济学奖获得者诺思提出的，它的特定含义是经济生活中有一种惯性，类似物理学中的惯性，事物一旦进入某种路径，就可能对这个路径产生依赖。简单地说，就是如果一旦人们做了某种选择，就好比走上了一条不归之路，惯性的力量会使这一选择不断自我强化，并且不会轻易让你走出去。

　　一个有关历史的细节，或许可以让我们看清路径依赖的力量。这个细节，就是屁股决定铁轨的宽度。

　　欧洲铁路两条铁轨之间的标准距离是四英尺又八点五英寸，这个标准哪来的呢？

　　早期的铁路是由建电车的人设计的，四英尺又八点五英寸正是电车所用的轮距标准。

　　那么，电车的标准又是从哪里来的呢？最先造电车的人以前是造马车的，所以电车的标准是沿用马车的轮距标准。马车又为什么要用这个轮距标准呢？英国马路辙迹的宽度是四英尺又八点五英寸，所以，如果马车用其他轮距，它的轮子很快会在英国的老路上撞坏。这些辙迹又是从何而来的呢？从古罗马人那里来的。因为整个欧洲，包括英国的长途老路都是由罗马人为它的军队所铺设的，而四英尺又八点五英寸正是罗马战车的宽度，任何其他轮宽的战车在这些路上行驶的话，轮子的寿命都不会很长。

　　罗马人为什么以四英尺又八点五英寸为战车的轮距宽度呢？原因很简单，这是牵引一辆战车的两匹马屁股的宽度。

　　故事到此还没有结束。美国航天飞机燃料箱的两旁有两个火箭推进器，因为这些推进器造好之后要用火车运送，路上又要通过一些隧道，而这些隧道的宽度只比火车轨道宽一点，因此火箭助推器的宽度是由铁轨的宽度决定的。所以，最后的结论是：路径依赖导致了美国航天飞机火箭助推器的宽度竟然在两千年前便由两匹马屁股的宽度决定了。

这才是真正的历史厚度。对个人而言，我们只有依靠自己才能打破路径依赖，获得自由。如果你依恋那根"绳子"，你至死也不会明白为什么自己会一事无成地离开这个世界。

但遗憾的是，生活中，很多人一旦有了拐杖，他们就不想自己走路；一旦有了依赖，他们就不想独立了。可是一个人不学会独立，又怎能在激烈的社会竞争中立足呢？

陶行知告诉我们："淌自己的汗，吃自己的饭，自己的事自己干。靠天靠地靠祖宗，不算是好汉。"要想成为生活中的强者，我们就要打破路径依赖，不要总是踩着别人的脚印走，不要总是听凭他人摆布，而要勇敢地驾驭自己的命运，调控自己的情感，做自己的主宰，做命运的主人。善于驾驭自我命运的人，是最幸福的人。只有摆脱了依赖，抛弃了拐杖，具有自信，能够自主的人，才能在竞争中取得成功，自立自强是走入社会的第一步，是进入成功之门的金钥匙。

## 面对对手，该出手时就出手

人心总是太软，可如果对敌人太过仁慈的话，该出手时没出手，等敌人缓过劲儿来，可能会反攻。有的时候，需要快、准、狠，抓住本质，釜底抽薪，将对方逼入死角，让他俯首就擒。

战国时，燕昭王拜乐毅为将，兴兵复仇，连下齐国七十余城，只有即墨、莒城未下。乐毅想笼络民心，不逼之太甚，只把二城困住。及至燕昭王死，惠王即位，新王与乐毅素有矛盾，齐将田单见此情形，就施"釜底抽薪"计，要把乐毅弄走。田单派人往燕国散布谣言，说："乐毅能于六个月间连下齐城，唯对即墨和莒城，围了三年而未下，不是不能，实有阴谋想笼络民心，自立为齐王。"惠王听说，阵前换帅，派骑劫去接替乐毅兵权，乐毅逃到赵国。骑劫一上任便尽改旧法，下令攻城，田单用计，驱火牛大破燕军，杀了骑劫，尽复失地。

当情况不得已的时候，釜底抽薪，斩草除根，意味着你必须非常了解你的敌人，他倚仗什么，什么是他无法缺少的，在互相对垒、剑拔弩张的时候，你对敌人的致命之处已了然于心，那么，你的胜算便又多了几分。

在上面的故事中，田单早已看透了敌国的致命武器乐毅，依计除去名将，敌国也便失去了最重要的武器，军队化为一盘散沙。这之后战局便非常明朗了。

釜底抽薪，把对手逼入死角，也是商战上的一种制胜策略，也是为人的技巧之一。

洛克菲勒为了挤垮对手，曾派人把一切可以装运石油的油罐列车及油桶全部包租下来。后来更是着手组建了南方改良公司，该公司的运费以每桶24美分的特优惠价格支付，而非成员的运费则要提高。

洛克菲勒把竞争对手逼到了死角：要么把自己的企业解散并入洛克菲勒的公司，换回股票；要么最后在运费折扣制的压力下破产倒闭。洛克菲勒首先从几个最强大的竞争对手下手，然后依次轻松地对付弱小的对手。

在与对手斗争的过程中，洛克菲勒以其敏锐的洞察力，紧紧抓住运输这个关键，釜底抽薪，最终垄断了整个美国的石油业。

"把敌人逼入死角"有以下几个要点：

第一，仔细地调查研究，分析敌我双方的优势、劣势。

第二，在对方还没明白过来时，果断出手（有时还需要借助一些策略和手段），控制或者消灭敌人倚仗的关键力量、关键资源。同时警惕敌人对我方采用同样的战术。

第三，待时机成熟，马上和敌人摊牌、逼其立刻做出选择，要么屈服，化敌为友，要么灭亡。

很多时候，我们心里会想：我已经努力改进了，也取得了不小的进步，可以放松一下了。自己与自己的过去比，是完全应该和必要的，我们应该看到自己的进步，坚定自己前行的信心，但是请别忘了，还要抬头看看四周：他们干得怎么样，是否跑得比我快，有没有值得我学习的地方。

## 斩断自己的退路，才能赢得出路

独立行走，让猿成为万物灵长；扔掉手中的拐杖，你才可以走出属于自己的路。人生的轨迹不需要别人定度，只有自己才能为自己的人生画布着色。去除依赖，独立完成人生的乐谱，相信你定能奏响生命雄壮的乐章。

世上有一种人，总是存在极强的依赖心理，习惯依靠拐杖走路，尤其是依靠别人的拐杖走路。

有些人经常持有的一个最大谬见，就是以为他们永远会从别人不断的帮助中获益。力量是每一个志存高远者的目标，而依靠他人只会导致懦弱。力量是自发的，不依赖于他人。坐在健身房里让别人替我们练习，是无法增强自己肌肉的力量的。没有什么比依靠他人更能破坏独立自主精神的了。如果你依靠他人，你将永远坚强不起来，也不会有独创力。要么抛开身边的"拐杖"独立自主，要么埋葬雄心壮志，一辈子老老实实做个普通人。

　　生活中最大的危险，就是依赖他人来保障自己。"让你依赖，让你靠"，就如同伊甸园的蛇，总在你准备赤膊努力一番时引诱你。它会对你说："不用了，你根本不需要。看看，这么多的金钱，这么多好玩、好吃的东西，你享受都来不及呢……"这些话，足以抹杀一个人意欲前进的雄心和勇气，阻止一个人利用自身的资本去换取成功的快乐，让你日复一日原地踏步，死水一般停滞不前，以至于你到了垂暮之年，只能终日为一生无为悔恨不已。

　　而且，这种错误的心理，还会剥夺一个人本身具有的独立的权利，使其依赖成性，靠拐杖而不想自己一个人走；有依赖，就不会想独立，其结果是给自己的未来挖下失败的陷阱。

　　美国总统约翰·肯尼迪的父亲从小就注意对儿子独立性格和精神状态的培养。有一次他赶着马车带儿子出去游玩。在一个拐弯处，因为马车速度很快，猛地把小肯尼迪甩了出去。当马车停住时，儿子以为父亲会下来把他扶起来，但父亲却坐在车上悠闲地掏出烟吸起来。

　　儿子叫道："爸爸，快来扶我。"

　　"你摔疼了吗？"

　　"是的，我自己感觉已站不起来了。"儿子带着哭腔说。

　　"那也要坚持站起来，重新爬上马车。"

　　儿子挣扎着自己站了起来，摇摇晃晃地走近马车，艰难地爬了上来。

　　父亲摇动着鞭子问："你知道为什么让你这么做吗？"

　　儿子摇了摇头。

　　父亲接着说："人生就是这样，跌倒、爬起来、奔跑，再跌倒、再爬起来、再奔跑。在任何时候都要全靠自己，没人会去扶你的。"

从那时起，父亲就更加注重对儿子的培养，如经常带着他参加一些大型的社交活动，教他如何向客人打招呼、道别，与不同身份的客人应该怎样交谈，如何展示自己的精神风貌、气质和风度，如何坚定自己的信仰，等等。有人问他："你每天要做的事情那么多，怎么有耐心教孩子做这些鸡毛蒜皮的小事？"

谁料约翰·肯尼迪的父亲一语惊人："我是在训练他做总统。"

雨果曾经写道："我宁愿靠自己的力量打开我的前途，而不愿求有力者的垂青。"只要一个人是活着的，他的前途就永远取决于自己，成功与失败，都只系于他自己身上。而依赖作为对生命的一种束缚，是一种寄生状态。英国历史学家弗劳德说："一棵树如果要结出果实，必须先在土壤里扎下根。同样，一个人首先需要学会依靠自己、尊重自己，不接受他人的施舍，不等待命运的馈赠。只有在这样的基础上，才可能做出成就。"将希望寄托于他人的帮助，便会形成惰性，失去独立思考和行动的能力；将希望寄托于某种强大的外力上，意志力就会被无情地吞噬掉。

为了训练小狮子的自强自立，母狮子总是故意将它推到深谷，使其在困境中挣扎求生。在残酷的现实面前，小狮子挣扎着一步一步从深谷之中走了出来。它体会到了"不依靠别人，只能凭借自己的力量前进"，它逐渐成熟了。

抛开拐杖，自立自强，这是所有成功者的做法。其实，当一个人感到所有外部的帮助都已被切断这后，他就会尽最大的努力，坚忍不拔地去奋斗，而结果，他会发现：自己可以主宰自己的命运。

真实人生的风风雨雨，只有靠自己去体会、去感受，任何人都不能为你提供永远的荫庇。掌握前进的方向，把握住目标，让目标似灯塔般在高远处闪光；独立思考，有自己的主见，懂得自己解决问题。不要相信有什么救世主，不该信奉什么神仙或皇帝，你的品格、你的作为，你所有的一切都是你自己行为的产物，并不能靠其他什么东西来改变。你就是主宰一切的神灵，一个人，即使驾着的是一匹羸弱的老马，但只要马缰掌握在你的手中，你就不会陷入失败的泥潭。

## 别让他人的意见左右了你的人生

　　生活的旅程中，有事情自己拿不定主意时最好和别人商量商量，别人，尤其是长辈或智者的意见往往能够指导我们人生的方向。听取别人的意见往往可以省掉自己探索的时间和精力，但不经过怀疑和思考的信任常常会使我们落入盲从的陷阱。其实，拍脑袋决策的是自己，那些提意见的"精英"只是我们的参谋。我们应该和多数人商量，自己做决定。

　　多年来，马云始终给人一种"我就是对的"的狂人印象。而他的这种行为一方面来自曾经坚持对自己说"Yes"而获得成功的经历，另一方面来自他被人说服而犯了非常可怕的错误的教训。

　　2000年，高盛和软银投资的2000万美元到位，马云决心大干一场，阿里巴巴把摊子铺到了美国硅谷和韩国，并在英国伦敦、中国香港快速拓展业务。

　　但是管理的危机随即出现，他手下的那些世界级的精英都开始向马云灌输他们各自的理论和方法。阿里巴巴美国硅谷研发中心的同事说技术是最重要的；而另一个坐镇香港总部、来自一家全球500强企业的副总裁则告诉马云，向资本市场发展是最重要的。

都是精英的言论，都说得有道理，马云开始拿不定主意了。"50 个聪明人坐在一起，是世界上最痛苦的事情。"马云后来说。此时，才成立一年的阿里巴巴已经变成了跨国公司，员工来自十多个国家。

那本来就是纳斯达克草木皆兵的时代，而对于未来的发展，马云却无法拿定主意。阿里巴巴处在风雨飘摇之中，马云开始后悔当初对那些精英们的信任。

马云重新选择了相信自己。2000 年底，阿里巴巴启动"回到中国"战略，随后全球大裁员。

多年后，有人评价马云的这次行动直接拯救了阿里巴巴。

马云对此也有过总结，如果此前他一直坚持自己的道路，那么后果就不会那么糟糕。

许多成功者都是像马云一样，具有很强的决策能力。无论是工作、生活，还是学习，我们常常会随波逐流、人云亦云，久而久之，我们便失去了独立思考的能力，从而也失去了创造能力。

要知道，人若失去自己，是天下最大的不幸；而失去自主，则是人生最大的陷阱。赤橙黄绿青蓝紫，我们应该有自己的一方天地和特有的色彩。相信自己，创造自己，永远比证明自己重要得多。我们无疑要在骚动的、多变的世界面前，打出"自己的牌"，勇敢地亮出我们自己。我们该像星星、闪电，像出巢的飞鸟，果断地、毫不顾忌地向世人宣告并展示我们的能力、我们的风采、我们的气度、我们的才智。

世上最可悲的人，是凡事都需要依赖别人的人。一个人如果总感觉自己不如别人，尽管他实际上可能是有能力的，但他的表现确实不如别人，因为思想主宰行动。一个人心里是怎么想的，他的行为就会反映出来，没有任何伪装能够把这种感觉长期遮盖起来。

也就是说，一个人如果觉得自己没有独立做事的能力，不可能超越其他的人，那么他就真的不会独立，只能跟在别人后面。

当遇到事情时，多听取他人意见以资参考固然重要，但决定如何处理的终究还是自己，要为此事负责也是自己。没有快刀斩乱麻的气魄，有时会错失良机。所以，一旦我们确立目标，行动就要果断、迅速。

如果你瞻前顾后，如果你犹豫不决，如果你不能身体力行，如果你不知道自己该做什么，那么，属于你的只有永远的失败，你就很难成为一名真正的领袖。因为这些根本就不是一个领袖的品质。

那些能够迅速做出决定的人从来都不怕犯错误。不管他犯过多少错误，与那些懦夫和犹豫不决的人相比较，他仍然是一个胜者。那些怕犯错误而裹足不前的人，那些害怕变化和风险而犹豫彷徨的人，那些站在小溪边，直到别人把他推下去才肯游泳的人，永远都无法达到胜利的彼岸，永远都无法摘取胜利的硕果。

因此，要想亮出自己的风采，就要摆脱盲从的怪圈，学会独立思考。在头脑中树立怀疑意识，对于接收到的所有信息，先通过"质疑思维"筛选一番，留下精华部分。有时候，相信自己才是最好的选择。

## 不从众，坚持自己的主见

一个人总要有自己的原则、自己的立场，不能只一味迁就别人，一点儿主见也没有。

罗宾斯没别的毛病，就是天生的耳根子软，别人说什么他听什么，妻子一生气就骂他是"应声虫"。中午订餐，同事问吃什么，他犹犹豫豫地想了一会儿说"吃汉堡吧！"同事一听："汉堡有什么好吃的，要比萨吧。"罗宾斯赶紧点头："行，行，行！"不但生活中这样，工作中也是这样，他从来也提不出什么像样的意见，什么事都听人家的，单位里开会时，他永远是坐在角落里发呆的那一个。

前不久，妻子回娘家了，说是要跟他离婚，起因就是一卷壁纸。妻子嫌卧室里的壁纸太旧了，想换上新的，正巧身体不舒服，就让罗宾斯一个人去买。走之前一再嘱咐他按照家具的颜色搭配

着买，可他却禁不住售货小姐的游说，买了一种深蓝色直条纹的壁纸。贴上以后，妻子总觉得自己好像睡在监狱里一样。她觉得丈夫太没用了，很多同事都利用他好说话来占便宜，领导把他当软柿子捏来捏去……售货小姐居然也把他当"冤大头"，日子再也没法过了，妻子愤怒地收拾东西离开了这个家，罗宾斯则坐在沙发上唉声叹气。

生活中耳根子软的人实在是太多了。别人说什么他就听什么，毫无自己的主见。而往往正是因为他生性软弱、不够自信，使得他不能坚持自己的主张和观点。别人正是利用了他耳根子软这个弱点来占便宜、欺负他。

罗宾斯的毫无主见是十分可笑，也十分可悲的。其实，放眼世界，大多数人不都是如此？起哄，跟风，随大流，亦步亦趋，凑热闹，依赖他人是许多人做人做事的习惯，这就是大多数人不能成功的原因。遇事爱盲从、依赖他人、没有主见的人，就像墙头草，东风东倒，西风西倒，没有自己的原则和立场，不知道自己能干什么，会干什么，自然与成功无缘。

坚持你的立场，不盲从他人的主张，才会得到成功的眷顾。

苏格拉底教导弟子从来都不是直言相劝，而是把深刻的道理寓于典型的事例中，让弟子们自己去体会。有一次，众弟子向他请教怎样才能坚持真理，苏格拉底照例没有直接回答，而是让大家坐下来，他用手指捏着一个苹果，慢慢地从每个同学的座位旁边走过，一边走一边说："请同学们集中精力，注意嗅空气中的味道。"

然后，他回到讲台上，把苹果举起来左右晃了晃，问："哪位同学闻到了苹果的气味儿？"

有一位学生举手回答说："我闻到了，是香甜的气味！"

苏格拉底再次走下讲台，举着苹果，慢慢地从每一个学生的座位旁边走过，边走边叮嘱："请同学们务必集中精力，仔细嗅一嗅空气中的气味。"

过了片刻，苏格拉底第三次走到学生当中，他让每位学生都嗅一嗅苹果。这一次，除了一位学生外，其他学生都举起了手。苏格拉底微笑着。可是那位没举手的学生左右看了看，也慌忙举起了手。

苏格拉底脸上的笑容不见了，他举起苹果缓缓地说："非常遗憾，这是一个假苹果，什么气味也没有。"

人都有一种从众的心理，面对外界事物做出判断时，尽管一开始拥有自己的主张，可一旦周围持反面立场的人多了，甚至是呈一边倒的时候，他就会怀疑自己的选择是错误的，从而心理的堤岸崩溃了，转而改变立场。盲从竟是如此可怕，会让你放弃自己的立场，转投其他，尽管真理原本站在你的一边。打破盲从的轨迹，坚持自己的立场，成功才能够眷顾你。

做人最怕的不是贫穷，而是没有主见，经不住外界的诱惑而随风摇摆，最终随波逐流，放弃了自己最宝贵的东西。

无论在生活中还是在工作中，我们经常都会遇到意见、看法与自己相左的人。我们自己认为十分精彩的想法或得意的报告却被他们贬得一文不值，我们竭尽全力做出的创意被他们指责为脱离实际，我们认为做得很好的事却常常成了别人批评的焦点。面对这些批评，大多数人都会头脑发热，据理力争，甚至还会用非常恶毒的话予以还击，结果使事情变得更糟。还有一些没有主见的人，一听到别人的批评，马上就推翻自己之前的所有努力，结果在成功路上走了弯路，这对他们而言，不能不说是一种极大的损失。

其实，不管你做什么事，总会有人对你的表现提出反对意见，过分看重别人的批评，只会增加自身的压力，如果仅仅因为批评而否定自己，则更不是明智之举了。例如，美国总统选举过程中，胜出者并不是所有人都支持的。所谓的压倒性胜利指的是有60%的人投你的票，也就是说，就算是一个大赢家，也还是有40%的人投反对票。明白这个道理，在别人的批评面前，就能保持冷静与开阔的胸襟了，毕竟没有一个人好到无懈可击，可以完全避免批评。

古人说："金无足赤，人无完人。"谁都不能夸口自己是完美的，同时，也没有人一无是处。因此，在迷茫时听取别人的意见，但在自己胸有成竹时就要坚持自己的主见。事实证明，真理常常是掌握在少数人手里。坚持自己的主见，你才能拥有属于自己的精彩人生。

## 做自己，是你最高贵的信仰

成长路上，我们需要听取别人的意见。但听取别人的意见，不是照搬别人的经验，而是在学习的基础上有所发现。一味地模仿别人，只能永远生活在别人的影子中。

森林里举办百鸟音乐会，节目一个比一个精彩。百灵鸟清脆悦耳的合唱，夜莺婉转动听的独唱，雄鹰豪迈有力的高歌，大雁低回深沉的吟咏……博得了一阵又一阵热烈的掌声。唯有鹦鹉不以为然，脸上挂着嘲讽的冷笑："你们每个就那么两下子，有什么了不起？轮到我呀……哼！"

终于该鹦鹉上场了，它昂首挺胸地走上舞台，神气地向大家鞠了一躬，清清嗓子就唱了起来。

第一支歌，她学百灵啼；第二支歌，她学雄鹰叫；第三支歌，她学夜莺唱；第四支歌，她学大雁鸣……她垂着眼皮唱了一支又一支，完全陶醉在自己的歌声里。

音乐会评奖结果公布了，鹦鹉以为自己稳拿第一，可是它从第一名一直找到第16名，也没有找到自己的名字。它不相信自己的眼睛，又从头找了一遍，还是没有找到。就这样，它仔仔细细、反反复复、一口气找了12遍，到底还是白费劲儿。

"怎么把我的名字搞漏了呢？"鹦鹉刚要挤出鸟群去找评奖委员会问问，快嘴喜鹊一把拉住她说："鹦鹉姑娘，你的名字在这儿呢！"

鹦鹉顺着喜鹊的翅膀尖一看，它的名字竟排在名单的尾巴上。

鹦鹉难过地哭了。她满腹委屈地找到评奖委员会主任委员凤凰说："我……我难道还……还不如乌鸦吗？为什么把我排……排在最末一名？"

凤凰诚恳地对她说："艺术贵在独创。你除了重复别人的调子外，有哪一个音符是你自己的呢？"

鹦鹉模仿能力不弱，百灵、雄鹰、夜莺、大雁，它都能学得惟妙惟肖，可惜百鸟音乐会不是模仿秀，没有自己特色的鹦鹉注定没有立足之地。同样，人生也不是模仿秀，你不能只一味地模仿他人。你尝试过像别人那样生活吗？还是你一直保持着自己的个性，以自己的方式生活着？

美国作曲家柏林与格希文第一次会面时，已声名卓著，而格希文却只是个默默无名的年轻作曲家。柏林很欣赏格希文的才华，并且以格希文所能赚的三倍薪水请他做音乐秘书。柏林劝告格希文："不要接受这份工作，如果你接受了，最多只能成为欧文·柏林第二。要是你能坚持下去，有一天，你会成为第一流的格希文。"

美国乡村乐歌手吉瑞·奥特利未成名前一直想改掉自己的得克萨斯州口音，打扮得也像个城市人，他还对外宣称自己是纽约人，结果只是招致别人背后的讪笑。后来他开始重拾三弦琴，演唱乡村乐曲，才奠定了他在影片及广播中最受欢迎的牛仔地位。

既然所有的艺术都是一种自我的体现，那么，我们只能唱自己、画自己、做自己，不管好坏；我们只要好好经营自己的小花园，也不论好坏；我们也只要在生命的管弦乐中演奏好属于自己的乐器。

只要按照自己的道路走，总有一天你会明白：模仿他人无异于自杀。因为不论好坏，人只有自己才能帮助自己，只有耕种自己的田地，才能收获自家的粮食。上天赋予你的能力是独一无二的，只有当你自己努力尝试和运用时，才知道这份能力到底是什么。

我们最大的局限在于我们的短视，而我们的短视在于无法发现自己的优点。威廉·詹姆斯这样认为："跟我们应该做到的相比较，我们等于只做了一半。我们对于身心两方面的能力，只用了很小一部分，一般人大约只发展了10％的潜在能力。一个人等于只活在他体内有限空间中的一部分。他具有各种能力，却不知道怎样利用。"

那么，一般人是怎样做的呢？他习惯用与别人的对比来发现自己的优缺点，这固然是一种好方法，但往往受主观意识影响太大。他会很快发现，自己在某方面与别人差距甚大，因此他会非常羡慕那个人。羡慕会导致无知的模仿，导致无谓的妒忌，或者受到激励般地向更高境界攀升，但最后一种情况毕竟所占比例甚小，而前面两种情况都容易导致自信心的丧失以及由此引发忧郁。

如果我们一味地模仿他人，只会失掉我们身上原本独具的特色。而模仿者总是很难超越被模仿者，所以如果真的想要依靠模仿取胜，就只能以失败告终。

其实，我们自身就有无穷的宝藏，何不快乐地保持自己的本色呢？所有的美丽均来自我们身上的特有气质，而非效仿的味道。试想，如果天下的男女都是一样的气质，毫无特点，那么这个世界再也不会拥有那么多独特的个体，我们生活的时空也会因为过于单一而失去了它原来所拥有的色彩。

## 尊重权威，更要坚持自己

权威的存在，可以成为探索实践的一种促进，因为"权威认定"毕竟有它的可信价值；但也有时候，权威的存在会成为探求的阻碍，因为权威毕竟不是真理。"吾爱吾师，吾更爱真理。"杰出人士们在继承前人的基础上，总是抱着怀疑一切的态度，在实践中坚守着正确的事物。

对权威的崇拜，往往会使人人云亦云，盲目从众，不敢轻易相信自己的智慧。如果你一直笃信权威，就会对权威产生强大的依赖性，难以产生独立思考、判断是非的能力，也就对自己所做出的判断缺乏自信。伟大的哲学家苏格拉底就反对对权威的盲从，他引导人们认识自我，追求智慧的生活，学会用自己的头脑思维，学会怀疑权威乃至教义。

王平大学毕业的时候，有两份工作摆在自己面前，一份是与自己的专业不相符，但是公司的董事长是自己父亲的好友，另一份是去一个与自己的专业相符的公司，在这家公司自己没有任何社会关系。社会上大家都说，做什么事都是要靠关系的，有了牢固的人际关系就等于是走了捷径。虽然很多朋友都劝他当今的时代是要靠着自己努力奋斗才能占据一席之地的。但是王平还是抱着以前的观念，怀着很单纯的想法，选择进了父亲好友的公司。

他自己在工作上也很努力，与同事交往的时候像大学时代对朋友无话不说一样，常将自己的一些经历及想法毫不设防地对同事讲。王平工作不久，就因出色的表现成为部门经理的热门人选。可他曾无意中告诉同事，他的父亲与董事长私交甚好。于是，大家对他的关注集中在他与董事长的私人关系上，而忽视了他的工作能力。最后，董事长为了显示"公平"，任命一个能力和王平差不多的职员为部门经理。

王平想要依靠自己与董事长的私人关系能够走捷径，但是他没有站在这位董事长的角度来考虑问题，作为公司的一把手，他要统揽全局，从公司整体的角度来做出选择。在面临私人关系与公司大局的两难抉择面前，明智的决策者自然都会考虑公司全局，忌讳把私人关系带到工作中。王平盲目地随波逐流做出的选择，是不明智的。他的人生阅历尚浅，没有经受生活的磨砺，就盲目地按照他人的经验来做，自然免不了要走弯路。

恩格斯就曾经写道过：物质的任何有限的存在形式，不论是太阳或星云，个别的种属，化学的化合或分解，都同样是暂时的，而且除永恒变化着、永恒运动着的物质以及这一物质运动和变化所依据的规律外，再没有什么永恒的东西。的确，在权威面前，一味地盲从，只能以失败而告终。

20世纪50年代，那是苏联生物学家米丘林、李森科学说提倡"无性杂交"理论在中国非常盛行，对此，袁隆平没有一味地盲从，而是敢于挑战权威，敢于挑战传统观念，因此，他反复验证

"无性杂交"试验，都已经失败，他就开始探索其他的途径。经过他潜心地钻研，夜以继日地坚持试验，在科学探索的道路上走了下去。当时，国外的很多科学家都进行过杂交水稻的研究课题，都没有获得突破性地进展。

然而，袁隆平始终抱有强大的信念继续进行研究。他在半亩水稻试验田里，精心种植水稻，对成熟的水稻反复进行统计、分析、研究，提出了利用这种杂交优势提高水稻产量的设想。这个设想遭到了美国权威遗传学家的否定，袁隆平并没有就此被吓倒，终于印证了杂交水稻的优势，并得到大面积地推广种植。美国的权威教科书也因此而改写。

袁隆平没有迷信权威，而是用自己的勤奋、努力证明了杂交水稻的优势，改写了曾经被视为权威的遗传学结论。

之所以很多人不愿意自己去做独立思考、判断，而是要盲目地服从权威的原因之一就是惧怕失败的打击，对有可能面临的失败望而生畏。因此，要克服自己的恐惧心理，敢于发表自己的独立观念，不盲目从众、随波逐流，拥有自己独立的看法和判断是要以自己的知识、阅历、经验作为基础的，培养自己面对问题时独立自主地解决能力。

第六章

别抱怨生活苦，那是
你去看世界的路

## 对不起，这个世界本来就不公平

在现实中，我们难免要遭遇挫折与不公正待遇，每当这时，有些人往往会产生不满，不满通常会引起牢骚，希望以此引起更多人的同情，吸引别人的注意力。从心理角度上讲，这是一种正常的心理自卫行为。但这种自卫行为同时也是许多人心中的痛，牢骚、抱怨会削弱责任心，降低工作积极性，这几乎是所有人为之担心的问题。

通往成功的征途不可能一帆风顺，遭遇困难是常有的事。事业的低谷、种种的不如意让你仿佛置身于荒无人烟的沙漠，没有食物也没有水。这种漫长的、连续不断的挫折往往比那些虽巨大却可以速战速决的困难更难战胜。在面对这些挫折时，许多人不是积极地去找一种方法化险为夷，绝处逢生，而是一味地急躁，抱怨命运的不公平，抱怨生活给予他的太少，抱怨时运的不佳。

奎尔是一家汽车修理厂的修理工，从进厂的第一天起，他就开始喋喋不休地抱怨，什么"修理这活儿太脏了，瞧瞧我身上弄的"，什么"真累呀，我简直讨厌死这份工作了"……每天，奎尔都是在抱怨和不满的情绪中度过。他认为自己在受煎熬，在像奴隶一样卖苦力。因此，奎尔每时每刻都窥视着师傅的眼神与行动，稍有空隙，他便偷懒耍滑，应付手中的工作。

转眼几年过去了，当时与奎尔一同进厂的三个工友，各自凭着精湛的手艺，或另谋高就，或被公司送进大学进修，独有奎尔，仍旧在抱怨声中做他讨厌的修理工。

抱怨的最大受害者是自己。生活中你会遇到许多才华横溢的失业者。当你和这些失业者交流时，你会发现，这些人对原有工作充满了抱怨、不满和谴责。要么就怪环境条件不够好，要么就怪老板有眼无珠，不识才，总之，牢骚一大堆，积怨满天飞。殊不知这就是问题的关键所在——吹毛求疵的恶习使他们丧失了责任感和使命感，只对寻找不利因素兴趣十足，从而使自己发展的道路越走越窄。他们与公司格格不入，变得不再有用，只好被迫离开。你如果不相信，你可以立刻去询问你所遇到的任何 10 个失业者，问他们为什么没能在所从事的行业中继续发展下去，10 个人当中至少有 9 个人抱怨旧上级或同事的不是，绝少有人能够认识到，自己之所以失业是失职的后果。

提及抱怨与责任，有位企业领导者一针见血地指出："抱怨是失败的一个借口，是逃避责任的理由。这样的人没有胸怀，很难担当大任。"仔细观察任何一个管理健全的机构，你会发现，没有人会因为喋喋不休的抱怨而获得奖励和提升。这是再自然不过的事了。想象一下，船上的水手如果总不停地抱怨：这艘船怎么这么破，船上的环境太差了，食物简直难以下咽，以及有一个多么愚蠢的船长。这时，你认为，这名水手的责任心会有多大？对工作会尽职尽责吗？假如你是船长，你是否敢让他做重要的工作？

如果你受雇于某家公司，就发誓对工作竭尽全力、主动负责吧！只要你依然还是整体中的一员，就不要谴责它，不要伤害它，否则你只会诋毁你的公司，同时也断送了自己的前程。如果你对公司、对工作有满腹的牢骚无从宣泄时，做个选择吧。一是选择离开，到公司的门外去宣泄。当你选择留在这里的时候，就应该做到在其位谋其政，全身心地投入到公司的工作上来，为更好地完成工作而努力。记住，这是你的责任。

一个人的发展往往会受到很多因素的影响，这些因素有很多是自己无法把握的，工作不被认同、才能不被重视、职业发展受挫、上司待人不公平、别人总用有色眼镜看自己……这时，能够拯救自己出泥潭的只有忍耐，学会忍耐你就能渐渐找到自己可以改变的不公平。比尔·盖茨曾告诫初入社会的年轻人：社会是不公平的，这种不公平遍布于个人发展的每一个阶段。在这一现实面前任何急躁、抱怨都没有益处，只有坦然地接受这一现实并忍受眼前的痛苦，才能扭转这种不公平，找到你可以改变的不公平，使自己的事业有进一步发展的可能。

## 用行动为抱怨画上休止符

喜欢抱怨的人向别人不断地抱怨着自己的不幸，起初可能还会有人同情你自己的不幸，但是久而久之会让别人生厌，人们也都喜欢和那些整天乐观的人在一起，而不是整天对着发牢骚的人，因为你发牢骚会直接影响别人的心情。喜欢抱怨的人不仅自己在事业上不断地落后，在人际关系上也会越来越糟，会导致你更加沮丧，会使你觉得上天真的对你太不公了，了解你的人为什么这么少呢？世态炎凉的感觉是你自己在无形中造成的。

面对生活，永远不要忧虑，不要发牢骚。如果我们一直向上看，生活积极乐观，工作勤奋努力，就会得到幸福。要迎着晨光实干，而不要对着晚霞抱怨。你的行动能够给每一天增添亮色，而你的抱怨则会遮蔽晚霞原有的灿烂。

有一天，某位农夫的驴子不小心掉进一口枯井里，农夫绞尽脑汁也想不到办法把驴子救出来。最后，农夫不得不决定放弃，为了减轻它的痛苦，农夫便请来左邻右舍帮忙，想将井中的驴子埋了。

邻居们开始将泥土铲进枯井中。当第一锹土落入井里时，驴子叫得格外凄惨，它知道自己的末日来临了。但出人意料的是，一会儿之后这头驴子就安静下来了。农夫好奇地探头往井底一看，眼前的景象令他大吃一惊：

当铲进井里的泥土落在驴子的背部时，驴子的反应是将泥土抖落掉，然后站到铲进的泥土堆上面！

就这样，驴子将大家铲到它身上的泥土全数抖落到井底，然后再站上去。慢慢地，这头驴子便得意地上升到井口，然后，在众人惊讶的表情中快步地跑开了！

如果你像那头不幸的驴子，遇到了很难逃脱的困境，你会怎么办呢？即使在恶劣的环境下，驴子也没有选择认命，而是尽一切可能使自己脱离困境。

追逐虚名的人把幸福寄托在别人的言辞上；贪图享乐的人把幸福寄托在自己的感官上；不满现实的人把幸福寄托在不停的抱

怨里；而有理智的人，则把幸福安置在自己的行动之中。

我们无论在生活中还是在工作中都应当选择不抱怨的态度，应该尽自己的最大努力去争取进步。把不抱怨的态度融入生活和工作中，你才能不断进步，才能得到社会的认可。

通用公司曾经有两名职员，当她们的名字都出现在裁员名单上时，两个人的不同反应决定了她们不同的命运。

艾丽和密娜达都是通用公司内勤部办公室的职员，有一天她们被通知一个月之后必须离岗，这对两个年轻姑娘来说，都是一个沉重的打击。

第二天上班时，艾丽的情绪依旧很消沉，但是委屈却让她难以平静下来。她不敢去和上司理论，只能不住地向同事抱怨："为什么要把我裁掉呢？我一直在尽最大的努力工作。这对我来说太不公平了！"同事们都很同情她，不住地安慰她。当第三天、第四天，艾丽依然不停地抱怨时，同事们开始感到厌烦了，却不得不装作认真倾听的样子。而艾丽只顾着发牢骚，以至于连她的分内工作也耽误了。

而密娜达在裁员名单公布后，虽然哭了一晚上，但第二天一上班，她就和以往一样开始了一天的工作。当关系比较好的同事悄悄安慰她时，她除了表达感谢，还在诚恳地自我反省："一定是我某些地方做得还不够好，所以，这最后的一个月里，我一定要更加努力地工作，这是一个很好的让自己反思的机会。"所以，在离职之前的一个月中，她仍然每天非常勤快地打字复印，随叫随到，坚守在她的岗位上。

一个月后，艾丽如期下岗，而密娜达却被从裁员名单中删除，留了下来。内勤部主任当众传达了老总的话："密娜达的岗位，谁也无可替代，密娜达这样的员工，公司永远不会嫌多！"

　　人在面临困境的时候，不要抱怨命运，因为抱怨不但会让自己内心痛苦不堪，而且在怨天尤人的愤怒情绪中，只会把事情搞得越来越糟，把解决问题的机会白白错过，抱怨除了使自己对待他人的态度很恶劣以外，还会令自己一事无成。

　　一位伟人曾说："有所作为是生活中的最高境界。而抱怨则是无所作为，是逃避责任，是放弃义务，是自甘沉沦。"不管我们遇到了什么境况，喋喋不休地抱怨注定于事无补，甚至还会把事情弄得更糟。不妨用实际的行动来打破正在禁锢你的藩篱，用行动为你的抱怨画上一个完美的休止符。

## 很多时候，英雄都是孤独的

　　老子云："良贾深藏若虚，君子盛德，容貌若愚。"善于做生意的商人，总是隐藏其最珍贵的货品，不会让人轻易见到；而品德高尚的君子，从外表看上去显得愚笨。这无疑蕴涵着一种处世智慧。锋芒毕露毫无益处，"满招损，谦受益"，自我炫耀者只会招致他人的反感乃至小人的陷害。隐藏锋芒，低调做人，才能让自己不会过早地被风雨侵蚀，才能让自己长成参天大树。

　　真人不露相，露相非真人。在竞争激烈的社会，聪明人都很谨慎，不会轻易暴露自己的真实意图；而很多新人往往因修行不够，在不知不觉中铸成大错，自毁前程，令人叹惜。

　　一位刚毕业的大学生被一家大企业录用了，他信心十足，鼓足干劲，在自己的销售岗位上干得相当出色。他头脑灵活，喜欢思考，很快就发现了公司管理存在的一些弊端，于是经常向主管反映，然而每次得到的答复总是："你的意见很好，我会在下次会议上提出来让大家讨论。"

他很不满，对主管的平庸和懦弱也很不服气，几次萌生了取而代之的念头。在一次全公司大会上，他坦陈了自己的想法，并建议公司实行竞争上岗，能者上，庸者下。会场顿时寂静无声，主管早就气得脸色发白。总经理称赞了他的想法，认为很有新意，却没有深入讨论的意思。

会议结束后，他忽然发现一切都变了。同事对他敬而远之，主管更是冷语相向；更严重的是，有人向总经理投诉他收受回扣、违规操作、泄露公司机密……任何一项罪名都能将一个小小的销售员压垮。领导们当然明白事情的来龙去脉，但为了照顾大多数人的情绪，还是辞退了他。

没有人不想出人头地，每个人都有自己的"野心"，但是切忌太过外露。你的"志向"和"企图"即使是正当的，一旦在你身上得到表现，总会有人感到受了威胁。他们可能会利用手中的权力或影响力对你进行打击，使你过去的一切努力都化为泡影。上面所说的销售员的遭遇，不正给我们上了生动的一课吗？

在一个群体或团体中，人人都希望自己成为脱颖而出的佼佼者，但社会竞争又暗藏着一个悖理的法则，这就是"枪打出头鸟"，或"出头的椽子先烂"。如果一个羽翼未丰的人积贮的能量尚不够，是万不可轻易暴露内心，过早卷入残酷的社会竞争的。在这种时候，最需要保持低调，只有首先学会当"孙子"，日后才能理直气壮地成为资深的"大爷"。

我们知道战国时期发生在赵国的毛遂自荐的故事，在秦兵围赵的危急关头，毛遂面对旁人的不信任与嘲讽，勇敢地推荐了自己。结果他凭着三寸不烂之舌，在其他人束手无策的情况下，成功地说服了楚王，完成了任务。

　　毛遂是罕见的人才，之前他的平庸与内敛只是隐藏锋芒的一种手段，他耐心等待着，直到最能表现自己的时机来临，然后主动出击，赢得大家的尊敬与钦佩。他不愧是深谙藏锋与出头之道的大师。

　　如果你胸怀大志，但条件又未成熟，你所要做的就是在暗中修炼自己，等待机会。在这种情况下，别人尚未察觉你的真实意图，而你早已对大局了然于胸。待时机成熟，勇猛出击，先声夺人，成功也只是指日可待的事情。

## 好运会来得晚，但不会缺席

　　孔子的学生子夏一度在莒父做地方首长，他向孔子问政，孔子告诉他为政的原则："无欲速，无见小利；欲速则不达，见小利则大事不成。"就是要有远大的眼光，百年大计，不要急功近利，不要想很快就能拿成果来表现，也不要为一些小利益花费太多心力，要顾全到整体大局。"欲速则不达"便是其中的核心与关键，这是人所共知的道理。

　　确实，一味地求急图快，结果只能是越急事情越办不好，这和人们常说的"心急吃不了热豆腐"是同一个道理。万事万物都有一定的发展规律，越是着急，就越是会把事情弄得一团糟。

　　有一个小朋友，很喜欢研究生物，很想知道蛹是如何破茧成蝶的。有一次，他在草丛中玩耍时看见一只茧，便取了回家，日日观察。几天以后，茧出现了一条裂痕，里面的蝴蝶开始挣扎，想抓破茧壳飞出。艰辛的过程达数小时之久，蝴蝶在茧里辛苦地拼命挣扎，却无济于事。小朋友看着有些不忍，想要帮帮它，便随手拿起剪刀将茧剪开，蝴蝶破茧而出。但没想到，蝴蝶挣脱以后，因为翅膀不够有力，变得很臃肿，根本飞不起来，之后，痛苦地死去。

破茧成蝶的过程原本就非常痛苦与艰辛，但只有付出这种辛劳才能换来日后的翩翩起舞。外力的帮助，反而让爱变成了害，违背了自然的过程，最终让蝴蝶悲惨地死去。自然界中这一微小的现象放大至人生，意义深远。

现代社会中，许多人拥有的都是一颗躁动的心，于是，人们在不断跳槽中度过了人生中适合进步与发展的最佳时机，人们在金钱至上的追逐中失去了欢笑与幸福的能力，人们在"速度就是一切"的观念中迷失了自我。

曾有一个人这样诉说自己的苦闷："我这一两年一直心神不定，老想出去闯荡一番，总觉得在我们那个破单位待着憋闷得慌。看着别人房子、车子、票子都有了，心里慌啊！以前也做过几笔买卖，都是赔多赚少；我去买彩票，一心想成个暴发户，可结果花几千元连个十元钱的奖都没中。后来又跳了几家单位，不是这个单位离家太远，就是那个单位专业不对口，再就是待遇不好，反正找个合适的工作太难啊！天天无头苍蝇一般，反正，我心里就是不踏实，闷得慌。"

这便是现代人典型的"躁进"心理，面对急剧变化的社会，不知所以，对前途毫无信心，心神不宁，焦躁不安。于是，行动之前缺乏思考，变得盲目，只要能满足自己想要的，甚至可以不择手段。

其实，静下心来，耐心地去追求自己想要的，成功就在不远处。

棋坛有"石佛"之称的韩国围棋第一高手李昌镐，他总是以一颗平常心来对待每次对弈，置胜负于度外，平心静气地走好每一步棋，借用一句《士兵突击》中的话就是"心稳了，手也就稳了"。出现劣势时，对手大多有些慌乱，但他依旧毫无表情，纹丝不动，而最终的胜者则常常是他。

与李昌镐相比，现代人患上了浮躁的心理疾病，它使人失去了对自我的准确定位，使人随波逐流，使人漫无目的地努力，最终的结果必定是事与愿违。欲速则不达的道理大家都懂，但在实际行动中却总是背道而驰，就连宋朝著名的朱熹也曾犯过同样的错，直到中年时，才感觉到，速成不是创作的良方，之后经过一番苦功方有所成。他用"宁详毋略，宁近毋远，宁下毋高，宁拙毋巧"这十六字箴言将"欲速则不达"作了最精彩的诠释。

罗马非一日建成，冰冻三尺非一日之寒，追求效率原本没错，然而，一旦陷入躁进的旋涡之中，失败便已注定了。我们须铭记诸葛亮的"非淡泊无以明志，非宁静无以致远"，时时平息心灵深处的浮躁，时时提醒自己"一口吃不成个胖子"，及时地给自己的心灵洗个澡，去除掉那些躁进的因子，恢复一颗淡泊、宁静的心，人生才会拥有更大的幸福。

## 心静下来，才能找到成功的路

现代人都充满梦想，这是件好事情，但现代人往往不懂得，梦想只有在脚踏实地的工作中才能得以实现。面对丰富复杂的社会，我们往往会产生浮躁的情绪。在浮躁情绪的影响下，我们常常抱怨自己的"文韬武略"无从施展，抱怨没有善于识才的伯乐。

许多浮躁的人都曾经有过梦想，却始终无法实现，最后只剩下牢骚和抱怨，他们把这归因于缺少机会。实际上，生活和工作中到处充满着机会：学校中的每一堂课都是一个机会，每次考试都是生命中的一个机会，报纸中的每一篇文章都是一个机会，每个客户都是一个机会，每次训诫都是一个机会，每笔生意都是一个机会。这些机会带来教养、带来勇敢，培养品德，引来朋友。

脚踏实地的耕耘者在平凡的工作中创造了机会，抓住了机会，实现了自己的梦想；而不愿俯视手中工作，嫌其琐碎平凡的人，在焦虑的等待机会中，度过了并不愉快的一生。

浮躁的对立面是认真、稳定、踏实、深入。无论是治学、为人，还是做事、管理，如果能远离浮躁，你便又向自己的梦想迈进了一步。

在华为，就有这样一个不浮躁的人刘骁洋。刘骁洋刚进华为的时候，公司正提倡"博士下乡，下到生产一线去实习、去锻炼"。实习结束后，领导安排他从事电磁元件的工作。堂堂的电力电子专业博士理应干一些大项目，不想却坐了冷板凳，搞这种不起眼的小儿科，刘骁洋实在有些想不通。

想法归想法，工作还要进行。就在刘骁洋接手电磁元件的工作之后不久，公司电源产品不稳定的现象出现了，结果造成许多系统瘫痪，给客户和公司造成了巨大损失，受此影响公司丢失了5000万以上的订单。在这种比较严峻的形势下，研发部领导把解决该电磁元件问题故障的重任，交给了刚进公司不到三个月的刘骁洋。

在工程部领导和同事的支持与帮助下，刘骁洋经过多次反复实验，逐渐清晰了设计思路。又经过60天的日夜奋战，刘骁洋硬是把电磁元件这块硬骨头给啃下来了，使该电磁元件的市场故障率从 18% 降为零，而且每年节约成本 110 万元。现在，公司所有的电源系统都采用这种电磁元件，时过近两年，再未出现任何故障。

这之后，刘骁洋又在基层实践中主动、自觉地优化设计和改进了 100A 的主变压器，使每个变压器的成本由原 750 元降为 350 元，且消除了独家供应商，减小了体积和重量，每年为公司节约成本 250 万元，并对公司的产品战略决策提供了依据。

小小的电磁元件这件事对刘骁洋的触动特别大，他不无感慨地说道："貌似渺小的电磁元件，大家没有去重视，结果我这样起初'气吞山河'似的'英雄'在其面前也屡次受挫、饱受煎熬，坐了两个月冷板凳之后，才将这件小事搞透。现在看起来，之所以出现故障，不就是因为绕线太细、匝数太多了吗？把绕线加粗、匝数减少不就行了？"

我们往往一开始就只想干大事，而看不起小事，结果是小事不愿干，大事也干不好，最后只能是大家在这些小事面前束手无策、慌了手脚。当年苏联的载人航天飞机在太空爆炸，不就是因为将一行程序里的一个小数点错写成逗号而造成的吗？电磁元件虽小，里面却有大学问。更为重要的是它是我们电源产品的核心部件，其作用举足轻重，非得要潜下心、冷静下来，否则不能将貌似小小的电磁元件弄透、搞明白。做大事，必先从小事做起，先坐冷板凳，否则，在我们成长与发展的道路上就要做夹生饭。

由于很多人心理素质较差，情绪浮躁，经不起一点点的失败，一遇到挫折，就会渐渐对自己失去信心，一天到晚愁眉不展、怨天尤人，根本无法振作精神，即使有好机会使问题出现转机，也被这拉长的苦脸吓跑了。相比之下，另外一些心态较好的人在困难来临时，总是努力寻求新的机会，这样的人在人生道路上会比别人达到更高的高度。

能否尽快学会摆脱浮躁是决定一个人能否顺利成功的关键。因此我们每一天都要尽心尽力地工作，每一件小事情都力争高效地完成。尝试着超越自己，努力做一些分外的事情。这样，即使在短暂的时间内仍处在同一位置，机遇没有光临，但你在为机会的来临而时时准备的行动中，能力已经得到了扩展和加强。实际上，你已经为未来某一时间创造出了另一个机遇。

## 成功属于沉得住气的"傻子"们

说到"成功"，我们常常会把它与聪明、机遇、胆识联系在一起，很少有人认为"傻子"能成功，可事实却是，"傻子"往往比聪明人更容易成功！

所谓"傻"，并非是真傻，而是大智若愚，是一种沉得住气，专注、执着的生存状态。"傻子"们貌似呆板木讷，不知变通，其实却是一群有着坚定信念，做事坚忍不拔的人。有道是"世上无难事，只怕有心人"，成功只属于沉得住气、不懈努力的人。那些投机取巧、三心二意之人，看似精明，就算曾经风光一时，却由于缺乏脚踏实地的务实态度和坚定不移的执着精神，而难以在事业上有所建树，充其量，他们只能是小打小闹的投机者，而难以成为集大成者。

《士兵突击》里，许三多是众人眼里彻头彻尾的傻子——三呆子、土骡子、许木木、绝情坑副坑主、吃货、孬兵、猪、白痴、二百五、死心眼等，都是他的绰号。

他没有史今的温柔，没有伍六一的傲骨，没有高城的顽皮可爱，更别说吴哲、齐桓殷实的家境和袁朗的智慧。他甚至连同乡成才的积极进取都没有。可是，就是这样一个看起来毫无魅力可言的人，深深地感染了电视机前的观众。

"我这俩老乡，一个精得像鬼，一个笨得像猪。"伍六一的这句话把成才和许三多的特点概括得精准到位。看似精明的成才兜里总是揣着三盒烟，如白铁军所说："你老乡不地道，揣了三盒烟，十块的红塔山是给排长、连长的，五块的红河是给班长、班副的，一块的春城是专门给我们这些战友的。"

为了自己的前途，成才抛弃了尚在困境中的钢七连，成为钢七连史上唯一的跳槽者；他赢得了比赛，如愿进入了老A，却被袁朗一眼看透，最终与老A无缘！

相比之下，许三多的质朴、坦诚、认真、老实、善良、执着一次次感动着周围的人，一次次让人们对他刮目相看，一次次证明了"机会永远留给有准备的人"这句话。

许三多是真傻吗？比起那些自以为聪明的人，他确实"傻"得很，他不会投机取巧、溜须拍马、看风使舵、随波逐流，甚至也谈不上深谋远虑，然而他却有着自己的人生信念——为了做那些"有意义的事情"，他在困难面前不低头，在孤独面前不退缩，在强敌面前不胆怯，在名利面前不浮躁……

他的成功，绝对不是"傻人有傻福"的成功，而是一种世界观和价值取向的成功：成功在于坚持，沉住气，脚踏实地、步步为营是实现胜利的必要前提。任何成绩的取得、事业的成就，都源于人们不懈的努力，务实、执着的探索追求，而心猿意马，浅尝辄止，投机钻营，则只能拥有昙花一现的虚荣及"竹篮打水"的庸碌。

　　从这个意义上，"傻"是一种深刻并且深奥的成功哲学，"傻"不是低人一等，庸庸碌碌，而是一种沉得住气，坚忍不拔的大境界。

　　首先，"傻"是一种沉住气，掘井及泉的苦干精神。

　　绝不能指望坐而论道的人干出点像样的活来。真正能够干出事情来的，就是像许三多、阿甘那样的带点"傻气"的人，他们看似木讷呆板，不知变通，而只是一根筋坚持自己认为有意义的事情，但最终，他们就像龟兔赛跑中的乌龟，沉得住气，一步一个脚印，踏踏实实，反而成功抵达了胜利的终点。所以，认真工作、低调务实是真正的聪明，而那些行动不坚决，只说不做才是真正的傻子。一分耕耘，一分收获，那些看似有点"傻气"的对目标坚定不移者，反而因为比别人多一些沉着和历练，而最终成功。

　　其次，"傻"是一种实事求是的务实精神。

　　张伯苓认为，"傻子"精神就是诚实、实事求是、坦荡正直，不虚诈掩饰。职场中，很多人都在问：我们究竟为了什么工作？我们工作这么辛苦究竟是为了什么？既然是为别人打工，何必这么投入地工作，不如敷衍了事、得过且过……职场中经常有人这么想，觉得认真工作实在是一种"吃亏"的举动，踏实工作的"老黄牛"是人们嘲笑的对象。事实上，认真工作才是真正的明智之举。一个人工作认真、不投机取巧、沉静务实，最大的受益者还是自己，一分耕耘，一分收获。很多时候，我们不是不够"聪明"，而是缺少了一点"傻气"，傻傻坚持，傻傻务实，沉住气，把工作真正做好做到位了，能力提升了，业绩上去了，成功自然也就水到渠成了。

　　最后，"傻"是坚持不懈的专注精神。

　　荀子说："积土成山，风雨兴焉；积水成渊，蛟龙生焉；积善成德，而神明自得，圣心备焉。故不积跬步，无以至千里；不积小流，无以成江海。骐骥一跃，不能十步；驽马十驾，功在不舍。"成功是一个不断积累的过程，一个人要想成才，就要具备心无旁骛，锲而不舍的专注精神，如若采取浅尝辄止的态度，就只能获得平庸的结果。

事实上，聪明和傻是个相对的变量，没有永恒的聪明，也没有永恒的愚蠢，关键在于你是否有一种沉稳、务实的态度。人常说"谋事在人，成事在天"，人的命运由主客观多方面因素综合作用，聪明的人只看到了人的主观性的一面，却忽略了制约命运的许多客观因素，工于算计，最后却反而算计到自己头上。而傻的人却不似聪明人这般瞻前顾后，他们很专注，一门心思地、尽心尽力地做自己认为该做的事情，他们无形中将一个个竞争对手甩在了身后，当他们把一件事做得很出色的时候，成功自然而然向他们招手了。从这个意义上说，傻其实是一种包罗万象的大境界，貌似带有屈辱色彩的"傻"字当中，包含了成功所需要的坚持、专注、务实等必要因素，因此沉得住气，傻傻地坚持，成功也会"傻傻"地到来。

## 梦想不是海市蜃楼，它需要地基

每个人都会有一段蛰伏的经历，在为成功而默默奋斗。这个时期，你需要的不是浮躁和怨天尤人，而是耐心地做好你现在要做的事。

每个夏天，我们都能听到在高树繁叶之中蝉的清脆鸣叫。它们有透明的羽翼，在风中鸣叫得很让人惬意。殊不知，这些蝉一生中绝大部分岁月是在土中度过的，只是到生命的最后两三个月才破土而出。

人的生命历程其实也是这样，每一个希冀成功的人，也要有长时间蛰伏地下的经历，这时候，我们应该好好磨炼自己，好好培养自己。

在一个学习班里，同学们讨论的主题是：一个人应当如何把他的热情投入到工作中去。这时，一位年轻的妇女在教室后面举起手，她站起来说道：

"我是和我的丈夫一起到这里来的。我想如果一个男人把全部热情投入到工作中也许是对的，但是对于一个家庭主妇说来却没有益处。你们男人每天都有有趣的新任务要做，但是家务劳动就无法相比了，做家务劳动的烦恼是单调乏味，令人厌烦。"

其实有许多人在做这种"单调乏味"的工作。如果我们能找到一种方法帮助这位少妇，也许我们就能帮助许多自认为自己的工作是单调乏味的人。

教师问她什么东西使得她的工作如此的"单调乏味"。她回答说："我刚刚铺好床，床就马上被弄乱了；刚刚洗好碗碟，碗碟就马上被用脏了；刚刚擦净了地板，地板就马上被弄得泥污一片。"她说："你刚刚把这些事做好，这些事马上就会被人弄得像是未曾做过一样。"

教师说："这真是令人扫兴。有没有妇女喜欢做家务劳动？"她说："啊，有的，我想是有的。""那她们在家务劳动中有没有发现使她们感到有趣、保持热情的东西呢？"

少妇思考了片刻回答道："也许在于她们的态度。她们似乎并不认为她们的工作是禁锢，而似乎看见了超越日常工作的什么东西。"

这就是问题的症结。工作满意的秘密之一就是能"看到超越日常工作的东西"，要知道你的工作是会取得成果的。这句话是对的。无论你是家庭主妇、秘书、加油站的操作员，或者大公司的总经理，如果你把日常琐事看作前进的踏脚石，你就会从中找到令人满意的地方。

作为一名没有成功的蛰伏者，你就要调整好自己的心态，要在日常工作中"看到超越日常工作的东西"，耐心地做好你现在要做的事，脚踏实地前进。终有一天，成功会降临到你头上。

俗话说："心急吃不了热豆腐。"谁都明白饭要一口一口地吃，任何人都不可能一口吃成大胖子。对于人生事业来说，只有一步一步去做，才能实现目标。

高云晨大学毕业后，被分配到一家电影制片厂担任助理影片剪辑。这本来是一个人在影视界寻求发展的起点，但在10个月后，她却离开了这个岗位，辞职了。

她认为自己这样做的理由很充分：堂堂一个大学毕业生，受过多年的高等教育，却在干连一个小学毕业生都能干的事情，把宝贵时间耗费在贴标签、编号、跑腿、保持影片整洁等琐事上面。这让她感到委屈。她有一种上当受骗的感觉，更有一种对不起自己的感觉。

几年后，当高云晨看到电视上打出的演职员表名单时，发现以前的同事现在已经成为羽翼丰满的导演，有的已经成为制作人。此时，她的心中颇有点不是滋味。

高云晨原来并未看到平凡岗位也具有不平凡的意义，所以她的辞职行为，使自己关闭了在影视界闯出一番事业的大门。不妨做个假设，如果她当时对自己在影视界的远景能进行一次清醒的前瞻，制定一个明确的目标，那么最初当影片剪辑和打杂的那段时间，至多只能算是预先付出的一点小小的代价而已。

许多实现了人生目标的人都说，谁都无法"一步到位"，只能一步一个脚印地走下去，才能取得成功。

人生中的每一步对于实现成功目标来说都很重要，任何事情的发展都需要一个逐步提升的阶段性过程，任何宏伟目标的实现都需要一个逐步积累的时期。尽心尽力、踏踏实实地工作，就能实现梦想。

现在的社会是一个多元化持续发展的社会，各种生存机遇的增多使人们的内心焦躁不安，于是活在当下的人们很容易好高骛远，贪多求大，总想在事业起步时就能站在高起点上。年轻人，特别是拥有高学历的年轻人，很少有从基层干起的想法和打算。这样做的结果，往往是适得其反，大多数时候难以如愿以偿。

由于对未来的期望值过高，要求太多，所以更容易遭到别人的拒绝和排斥，从而丧失很多宝贵的成长机会。实际上，敢于放弃从高层就业的打算而从低层干起，才能使自己拥有更多的机会，并能更加充分地展现自己的才华和能力，更容易使自己快速脱颖而出。

第七章

勤奋回报你的从来不是加法，而是复利

## 活鱼折腾跃过龙门，咸鱼安静翻不了身

我们很多人看得到成功者的光鲜艳丽、意气风发，我们用羡慕的眼光加以膜拜却忘了思考他们成功的原因，又或是用不屑的眼光上下打量认为他们只是"成功侥幸者"。我们从来就看不到他们成功的背后是用辛勤的汗水和不懈的努力换来的。

"先天下之忧而忧，后天下之乐而乐"，以国家为己任的北宋名臣范仲淹是一位杰出的政治家、文学家。他从小就十分勤奋刻苦，为了做到心无旁骛、一心专注于读书，范仲淹到附近长白山上的醴泉寺寄宿苦读，对于儒家经典是终日吟诵不止，不曾有片刻松弛懈怠。

"成由勤俭败由奢"，这时候的范仲淹家境并不是很差，但为了勤奋治学，范仲淹勤俭以明志，每天煮好一锅粥，等凉了以后把这锅粥划成若干块，然后把咸菜切成碎末，粥块就着咸菜吃即是一日三餐。这种勤奋刻苦的治学生活差不多持续了三年，附近的书籍已渐渐不能满足范仲淹日益强大的求知欲了。于是范仲淹在家中收拾了几样简单的衣物，佩上琴剑，毅然辞别母亲，踏上了求学之路。

宋真宗大中祥符四年（1011 年），二十三岁的范仲淹来到睢阳应天府书院（今河南睢阳）。应天府书院是宋代著名的四大书院之一，书院共有校舍一百五十间，藏书几千卷。在这里，范仲淹如鱼得水，他用一贯的勤俭刻苦作风向学问的更高峰攀登。

一天，范仲淹正在吃饭，他的同窗好友（南京最高长官、南京

留守的儿子）过来拜访他。发现他的饮食条件非常差，出于同窗兼同乡之情，就让人送了些美味佳肴过来。过了几天，这位朋友又来拜访范仲淹，他非常吃惊地发现，他上次让人送来的鸡鸭鱼肉之类的美味佳肴都变质发霉了，范仲淹却连筷子都没动一下。他的朋友有些不高兴地说："希文兄（范仲淹的字，古人称字，不称名，以示尊重），你也太清高了，一点吃的东西你都不肯接受，岂不让朋友太伤心了！"范仲淹笑着解释说："老兄误解了，我不是不吃，而是不敢吃。我担心自己吃了鱼肉之后，咽不下去粥和咸菜。你的好意我心领了，你可千万别生气。"朋友听了范仲淹的话，顿时肃然起敬。

范仲淹凭着这股勤奋刻苦的劲头，博览群书，在担任陕西西路安抚使期间，指挥过多次战役，成功抵御了西夏的入侵，使当地人民的生活得以安定。西夏军官以"小范老子（指范仲淹）胸中有数万甲兵"互相告诫，足以看出西夏人对范仲淹的忌惮与敬畏之心，这在军事实力孱弱的北宋历史上是罕见的。

范仲淹之所以能有如此杰出的才能，得益于他素来勤奋刻苦求学的良好作风，辛勤的耕耘。

勤奋在任何时代、任何地方都是不过时的成功法宝。自古迄今皆是如此。

日本保险业连续15年排全日本业绩第一、被誉为"推销之神"的原一平在一次大型演讲会上，用"行为艺术"给台下期待成功、前来取经的芸芸众生讲了一个走向成功的"秘诀"。大会即将开始，台下数千人在翘首企盼、静静等待着原一平的到来，期待原一平给他们带来成功的"福音"。演讲会开始了，可原一平迟迟没到。十几分钟过后，在众人望穿秋水的期待下，姗姗来迟的原一平终于"千呼万唤始出来"。

走向讲台，看着一张张热烈期待的脸庞，原一平一句话也没说，只是坐在后边的椅子上继续地看着。半个小时后，原一平仍然没说一句话，可前来"取经"的人有的忍不住了，陆陆续续地离开会场。一个小时过后，原一平仍然是一句话也不说，就这么干耗着。这"故弄玄虚"的行为让很多人无法忍受，他们纷纷离开会场。可也有人想一探究竟，想看看原一平的葫芦里到底卖的是什么药。就剩下十几个人的时候，原一平终于开口说话了："你们是一群忍耐力很好的人，我要让你们分享我的成功秘诀，但又不能在这里，要去我住的宾馆。"

于是这十几个人都跟着原一平去了他住的宾馆。进入房间后，原一平脱掉外套，接着就坐在床上脱他的鞋子、袜子，这一系列行为让前来"捧场"的人看得莫名其妙。就在众人错愕惊讶之时，原一平亮出了他的"成功撒手锏"，他把脚板亮在众人面前，众人看到了一双布满老茧的脚（原来原一平一开始就耗着是有原因的，如果要向几千人展示他的成功秘诀，似乎有点不雅）。原一平最后道破"秘诀"，说："这些老茧就是我的成功秘诀，我的成功是我用勤奋跑出来的。"

成功都是用勤奋跑出来的，想不劳而获，那个守着木桩的"待兔人"就是前车之鉴。

## 勤劳是疾病与悲惨的治疗秘方

许多年轻人在遭遇挫折与失败后，环视身边周围一切，想到自己没有贵人提携相助，身无长物，没有资金傍身，运气也不站在自己这一边，相伴的只有接踵而至的苦难，看自己形影相吊、孑然一身，不禁黯然神伤，自怨自艾、自哀自怜一番，然后在孤独的夜里独自舔舐那苦难留下的伤口。他们喜欢做这样的自我怜惜，甚至是享受。然后就这样一直在苦难中堕落下去，从没想过要振奋起来。然而"生活不是林黛玉，并不会因为忧伤而风情万种"。

有个到处流浪的街头艺人，虽然才40多岁，却像80岁的体格。整个人瘦骨嶙峋，看不到一点生气，形容枯槁，去医院诊断为肝癌末期，已时日无多。临终前，把年仅16岁的独子叫到身边，"人之将死，其言也善"，他嘱咐儿子："你要好好念书，不可像我一样，年轻时不肯努力，终日蹉跎岁月，以致老无所成。我年轻时好勇斗狠，日夜颠倒，抽烟喝酒，正值壮年就得了绝症。这些你要谨记在心，可别走上我的老路。我没什么可以送给你，就送你两个字——勤奋。"

他的儿子好像没有接受"勤奋"二字。长大后的他经常在酒场、赌场厮混，打架闹事。有一次与客人发生冲突，因冲突过于激烈，以致失手将人打死。为此，他被捕坐牢，度过了几年牢狱生活。刑满出狱后，物是人非，周围的一切都变得陌生了。可能觉得自己不再适合"闯荡江湖"了，他决定痛改前非。发现不能走老路的他想找一份正当的工作来做，可又苦于身无一技之长，只好下定决心，回到乡下，做些杂工以维持生计。

由于他年轻时的无端蹉跎，到知天命之年才成家。年事渐长，经历过一番风雨的他似乎渐渐懂得了父亲临死前交代的话。如果你认为他明白了"亡羊补牢，为时未晚"的道理的话，那就错了。他感觉自己体力一天不如一天，一年不如一年，面对着无法支撑起来的家，心里充满着无限的悔恨与悲伤，然后在悲伤悔恨中自哀，然而仅此而已。悔恨交织的他每日只懂借酒浇愁，就这样浑浑噩噩地过完了一生。

悔恨与悲伤对眼前的境况不能起到任何的改善作用，反而会让人堕入其中，从而丧失了前进的动力，然后浑浑噩噩以终日。要想取得成功、获得幸福生活，勤劳的双手才是保障。只要我们拥有勤奋的精神，就能击败苦难，赢得成功。

斯蒂芬·威廉·霍金是英国剑桥大学应用数学及理论物理学系教授，当代最重要的广义相对论和宇宙论学家，是当今享有国际盛誉的伟人之一，被称为在世的最伟大的科学家，还被称为"宇宙之王"。

霍金在牛津大学毕业后转去剑桥大学读研究生，就在这时，他被诊断为患有会使肌肉萎缩的"卢伽雷氏症"，不久之后就完全瘫痪了，所以他看书必须依赖一种翻书页的机器，读文献时必须让人将每一页摊平在一张大办公桌上，然后他驱动轮椅如蚕吃桑叶般地逐页阅读。祸不单行，霍金后来又因为肺炎进行了穿气管手术而丧失了语言能力，因此他只能依靠安装在轮椅上的一个小对话机和语言合成器与人进行交谈。

要成为伟大的人，注定要经历并战胜一些非常之事。面对这些疾病带来的巨大折磨，霍金没有垂头丧气、自哀自怜，而是用一种比从前更为坚强的毅力以及辛勤的行动去回击那些苦难。霍金从未放弃对学习的坚持，他用惊人的毅力继续从事着物理研究，终于取得了巨大的成就，成为世界上公认的引力物理科学巨人。他的黑洞蒸发理论和量子宇宙论不仅震动了自然科学界，并且对哲学和宗教都产生了深远的影响。此外，霍金还在 1988 年 4 月出版了他的著作《时间简史》，《时间简史》自 1988 年首版以来，已成为全球科学著作的里程碑。它被翻译成 40 多种文字，成为国际出版史上的奇观。该书内容是关于宇宙本性的最前沿知识，但是从那以后无论在微观还是宏观宇宙世界的观测技术方面都有了非凡的进展。

面对苦难，只有拿出勇气与辛勤的劳动才能成就辉煌。霍金被誉为自爱因斯坦以来世界最著名的科学思想家和最杰出的理论物理学家，之所以取得如此成就，靠的是他比伤病前更大的决心与更多的努力。与其说他的成功是因为他的天赋，不如说他的成功是因为他勤奋执着的精神。一个人如果只知在痛苦中沉沦，天赋再好也终将荒废。没有勤奋努力的精神，其他一切都是白费。

美国小说家马修斯说："勤奋工作是我们心灵的修复剂，是对付愤懑、忧郁症、情绪低落、懒散的最好武器。有谁见过一个精力旺盛且生活充实的人会苦恼不堪、可怜巴巴呢？"勤奋的人懂得在苦难中奋起，用汗水换回幸福。

李嘉诚说："我 17 岁开始做批发的推销员，就更加体会到了挣钱的不容易、生活的艰辛。人家做 8 个小时，我就做 16 个小时。"李嘉诚能站在华人富豪的巅峰，与他这种辛勤努力是有直接关系的。

因此我们要取得成功、获得幸福生活，顾影自怜是不会达到效果的，只有今天用自己辛勤的双手才能缔造幸福的明天。所以，面对悲惨的现实，不要沉浸堕落其中，行动起来吧，用辛勤的行动去撕破悲伤交织的网。

面对苦难，只会自哀自怜是没有任何用处的，勤劳才是治疗疾病与悲惨的最佳秘方。

## 天下事以难而废者十之一，以惰而废者十之九

萧伯纳说："懒惰就像一把锁，锁住了知识的仓库，使你的智力变得匮乏。"懒惰就像是一种精神腐蚀剂，使人变得萎靡不振。懒惰的人好逸恶劳，即便是力所能及的事情也不愿意动手去做，

妄图坐享其成。能力是修炼出来的，凡事都袖手旁观，自身的能力就会退化。

因此，颜之推在《颜氏家训》中告诫自己的子孙说："天下事以难而废者十之一，以惰而废者十之九。""天下无难事，只怕有心人"，勤奋用心的人不会因为事情的艰难而放弃成功的希望；懒惰才是失败的主要原因，因为懒惰会让人的智力变得贫乏，能力变得平庸。

好逸恶劳乃是万恶之源，懒惰会吞噬一个人的心灵。对于任何一个人来说，懒惰都是一种堕落的、具有毁灭性的腐蚀剂。比尔·盖茨说："懒惰、好逸恶劳乃是万恶之源，懒惰会吞噬一个人的心灵，就像灰尘可以使铁生锈一样，懒惰可以轻而易举地毁掉一个人，乃至一个民族。"

一旦染上了懒惰的习性，就等于为自己掘下了坟墓。毫无疑问，懒惰者是不能成大事的，因为懒惰的人总是贪图安逸，遇到一点风险就裹足不前；而且生性懒惰的人还缺乏吃苦实干的精神，总想吃天上掉下来的馅饼。这种人不可能在社会生活中成为成功者，他们永远是失败者。

人们总有不劳而获的思想，克服懒惰才能免于毁灭，而付出辛勤的劳动是唯一的方法。英国哲学家穆勒这样认为："无论王侯、贵族、君主，还是普通市民都具有这个特点，人们总想尽力享受劳动成果，却不愿从事艰苦的劳动。懒惰、好逸恶劳这种本性是如此的根深蒂固、普遍存在，以至于人们为这种本性所驱使，往往不惜毁灭其他的民族，乃至整个社会。为了维持社会的和谐、统一，往往需要一种强制力量来迫使人们克服懒惰这一习性，从而不断地劳动。"

一位哲学家看到自己的几个学生并不是很认真地听他讲课，

而且学生们对自己将来要做什么也模糊不清，于是，哲学家打算给学生上一节特殊的课。

一天，哲学家带着自己的学生来到了一片荒芜的田地，田地里早已是杂草丛生。哲学家指着田里的杂草说："如果要除掉田里的杂草，最好的方法是什么呢？"学生们觉得很惊讶，难道这就是要上的最重要的一堂课吗？学生们还是纷纷提出了自己的意见。

一位学生想了想，对哲学家说："老师，我有个简便快捷的方法，用火来烧，这样很节省人力。"哲学家听了，点点头。另一个学生站起来说："老师，我们能够用几把镰刀将杂草清除掉。"哲学家也同样微笑地点点头。第三位学生说："这个很简单，去买点除草的药，喷上就可以了。"听完学生的意见，哲学家便对他们说道："好吧，就按照你们的方法去做吧。四个月后，我们再回到这个地方看看吧！"学生们于是将这块田地分成了三块，各自按照自己的方法去除草。用火烧的，虽然很快就将杂草烧了，可是过了一周，杂草又开始发芽了；用镰刀割的，花了四天的时间，累得腰酸背疼，终于将杂草清除一空，看上去很干净了，可是没过几天，又有新的杂草冒了出来；喷洒农药的，只是除掉了杂草裸露在地面上的部分，根本无法消灭杂草。几个学生失望地离开了。

四个月过去了，哲学家和学生们又来到了自己辛苦工作过的田地。学生们惊讶地发现，曾经杂草丛生的荒芜田地现在已经变成了一块长满水稻的庄稼地。学生们脸上露出了不解的神情。哲学家微笑着告诉他的学生：要除掉杂草，最好的办法就是在杂草地上种上庄稼。学生们会心地笑了起来，这确实是一次不寻常的人生之课。

对付懒惰，辛勤的劳动才是克敌之道。确实，一心想拥有某种东西，却害怕或不敢或不愿意付出相应的劳动，这是懦夫的表现。无论多么美好的东西，人们只有付出相应的劳动和汗水，才能懂得这美好的东西是多么来之不易，因而愈加珍惜它，人们才能从这种拥有中享受到快乐和幸福，这是一条万古不变的原则。即使是一份悠闲，如果不是通过自己的努力而得来的，那么这份悠闲也并不甜美。不是用自己的劳动和汗水换来的东西，你没有为它付出代价，你就不配享用它。生活就是劳动，劳动就是生活，懒惰将会使人误入失败的深渊。懒惰会使人陷入毁败的境地，只有辛勤的劳动才能创造生活，给人们带来幸福和欢乐。

任何人只要劳动，就必然要耗费体力和精力，劳动也可能会使人们精疲力竭，但它绝对不会像懒惰一样使人精神空虚、精神沮丧、万念俱灰。马歇尔·霍尔博士认为："没有什么比无所事事、空虚无聊更为有害的了。"那些终日游手好闲、无所事事的人体会不到劳动的快乐，他们的思想是空虚的、生活是单调的，因为天底下最无聊的事情就是无所事事。

斯坦利·威廉勋爵曾说过："一个无所事事的懒惰的人，不管他多么和气、令人尊敬，不管他是一个多么好的人，不管他的名声如何响亮，他过去不可能、现在不可能、将来也不可能得到真正的幸福。生活就是劳动，劳动就是生活，而懒惰将会使人误入失败的深渊。"

## 与众不同的背后，是日复一日的勤勉

"雄鹰可以到达金字塔的塔尖，蜗牛同样也可以。"雄鹰的资质极佳、得天独厚，要达到金字塔的顶点当然比资质平庸的蜗牛容易得多。但这并不意味着鹰不需要勤奋努力、艰苦磨炼就能轻易做到，须知道在华丽的飞翔背后，是一个何等残酷的磨炼。

当一只幼鹰出生后，不待几天就要接受母鹰的训练。在母鹰的帮助下，成百上千次训练后的幼鹰就能独自飞翔。如果你认为这样就可以的话那就错了，事情远没有这么简单，这只是第一步。接着母鹰会把幼鹰带到高处悬崖上，把它们摔下去，许多幼鹰因为胆怯而被母鹰活活摔死，但没有经过这样的尝试是无法翱翔蓝天的。通过两关训练的幼鹰接下来面临的是最为关键、最为艰难的考验。幼鹰那正在成长的翅膀会被母鹰折断大部分骨骼，并且会再次被从高处推下，能在此处忍住痛苦振翅而起的才算拥有蓝天。

诚然，世界上没有两个完全一样的人，人与人之间充满了差异，有的人资质好，而有的人却要显得平庸得多。我们资质差，但这并不妨碍我们用辛勤的脚步走向成功。

德摩斯梯尼（前384—前322年），古雅典雄辩家、民主派政治家，一生积极从事政治活动，极力反对马其顿入侵希腊，后在雅典组织反马其顿运动中为国壮烈牺牲。

当时，在雄辩术高度发达的雅典，无论是在法庭、广场、还是公民大会上，经常会有经验丰富的演说家在辩论。听众的要求也非常高，甚至到了挑剔刻薄的程度。演说者一个不适当的用词，或是一个难看的手势和动作，常常都会引来讥讽和嘲笑。

德摩斯梯尼天生口吃，嗓音微弱，还有耸肩的坏习惯。在这些高标准、严要求的听众看来，他似乎没有一点当演说家的天赋。因为在当时的雅典，一名出色的演说家必须是声音洪亮，发音清晰，姿势优美而且富有辩才。德摩斯梯尼最初的政治演说是非常糟糕的，由于口吃结巴、发音不清、论证无力，而多次被轰下讲坛。为了成为卓越的政治演说家，德摩斯梯尼此后做了超乎常人的努力，进行了异常刻苦的学习和训练。为此，德摩斯梯尼终日不断刻苦读书学习，据说，他把《伯罗奔尼撒战争史》抄写了八遍；除了学习历史，德摩斯梯尼虚心向著名的演说家请教发音的方法；为了克服口吃的毛病，每次朗读时都放一块小石头在嘴里，迎着大风和面对着波涛练习；为了改掉气短的毛病，他一边在陡峭的山路上攀登，一边不停地吟诗朗诵；为了改善演讲时的面部表情，他在家里装了一面大镜子，每天起早贪黑地对着镜子练习演说；为了改掉说话耸肩的坏习惯，他在头顶上悬挂一柄剑，或悬挂一把铁叉；他把自己剃成阴阳头，以便能安心躲起来练习演说……

德摩斯梯尼不仅在发音形象上进行改善，而且努力提高政治、文学修养。他研究古希腊的诗歌、神话，背诵优秀的悲剧和喜剧，探讨著名历史学家的文体和风格。柏拉图是当时公认的独具风格的演讲大师，他的每次演讲，德摩斯梯尼都前去聆听，并用心琢磨、学习大师的演讲技巧……

经过十多年的磨炼，德摩斯梯尼终于成为了一位出色的演说家，他的著名的政治演说为他建立了不朽的声誉，并在政治上取得了很大成就。他的演说词结集出版，成为古代雄辩术的典范。

公元前 330 年，雅典政治家泰西凡鉴于德摩斯梯尼对国家所做的贡献，建议授其金冠荣誉。德摩斯梯尼的政敌埃斯吉尼反对此种做法，认为不符合法律。为此，德摩斯梯尼与埃斯吉尼展开了一场针锋相对的斗争，公开辩论。在此次辩论中，德摩斯梯尼用事实证明了自己当之无愧。最后，泰西凡的建议得以通过，决定授予德摩斯梯尼金冠。

德摩斯梯尼的资质在我们看来非常差，然而他付出了"嘴含石块""头悬铁剑"等诸多辛勤努力，终于成为了一位伟大的辩论家和政治家。

"勤能补拙是良训，一分辛苦一分才"，只要付出，相信总会有回报的。

晚清四大名臣之一的曾国藩，读书资质也非常差，差到让一个到自家行窃的小偷都对他心存鄙夷。一天，曾国藩在家读书，始终在朗读着一篇文章，读了又背，背了又读。如此反反复复，始终没有把它背下来。

偏巧，这时候一个小偷偷到曾国藩的家里了。小偷见有人在背书，为了不被发现，就先潜伏在屋檐下，想等所有人都睡熟了之后再行窃。

可没想到，这个"酸腐"的读书人还是一直在那吟吟哦哦地读着文章，大有欲罢不能的态势。这个小偷看见这种架势，于是有点愤怒地跳出来指着妨碍他行窃的曾国藩责骂道："你这榆木疙瘩般的脑子，还读个什么书啊？"这种"恨铁不成钢"的语气颇有几分语重心长、苦口婆心的意味。说罢，具有"诲人不倦"精神的小偷又将曾国藩一直反复朗读的文章一字不落地背了下来，然后扬长而去，留下尚未缓过神来的曾国藩在房中惊愕不已。

曾国藩的这番遭际也算得上是"千古奇遇"了。无疑，这个小偷的资质比曾国藩高出不止一个境界，然而曾国藩却成为了历史上非常具有影响力的人物，靠的就是那"不断反复"的勤奋刻苦的精神。而贼始终是贼，不正是因为他不肯付出努力、想不劳而获的缘故吗？

雄鹰资质再好，如果不去搏击风雨，退化的羽翼反而成为负担；蜗牛再慢，只要勤奋努力，一步步也能爬上金字塔的顶点。

## 看到的都是光鲜，看不到的都是辛酸

社会的财富是勤劳人创造出来的，物质产品、精神产品概莫能外。早在17世纪，英国的经济学家威廉·配第就指出："土地是财富之母，劳动是财富之父。"财富是勤劳的人所拥有的，只要我们拥有勤劳，那么我们就拥有了财富。

在地中海的一个岛国里，农民们都致力于种植葡萄。有一个勤劳的农夫，他每天都勤勤恳恳地在葡萄园里劳动，他种出的葡萄酿的酒是最甜美的，他的葡萄园因此远近闻名。可是勤劳的农夫有一块心病，那就是他有四个不成器的孩子。他们非常懒惰，无论农夫怎么教育，总是不肯劳动。由于他们不愁吃喝，养成了好吃懒做的习惯。又因为兄弟人多，该干活的时候，他们总是相互推诿。终于，农夫老得干不动农活了。他病倒在床上，再也无法支撑起他的葡萄园了。眼看着他苦心经营的葡萄园就要这样一天天荒芜，农夫心里感到非常担忧。

农夫知道自己不久就要离开人世了，他一直在考虑一个问题：如何使儿子们明白劳动致富的道理呢？焦虑更是加重了他的病情。一天，农夫的一位好友来看望他，这位朋友给农夫出了一个好主意。第二天，农夫把四个儿子叫到床前，对他们说："我不久就要死了，我必须告诉你们一个秘密。在我们家的葡萄园里，我埋了几箱财宝，它就埋在……"话还没说完，农夫就咽气了。办完了父亲的丧事，四个儿子就开始到葡萄园里寻找父亲埋下的财宝。

由于农夫病倒多日，葡萄园已经杂草丛生了。为了寻找财宝，儿子们带着工具出发了。大儿子拿着铁锹，由园中心开始挖，杂草都除掉了，土翻得很深，地也翻松了，可是怎么也没找到他们要找的宝藏。二儿子牵着一头牛，套上犁，把整个园子从头到尾犁了一遍，结果同样一无所获。三儿子扛上锄头，在园的四角挖掘，挖得极深，结果把泉眼给打出来了，清澈的泉水滋润了整个葡萄园。那些即将干枯的葡萄藤又开始变绿。可是三儿子也没找到财宝。四儿子也出动了，他既用铁锄又用铁铲，但还是一无所获。四个儿子虽然没有挖到财宝，但把葡萄园里的土地翻得又松软又平整，加上三儿子打出的几个泉眼，园里的葡萄茁壮成长，比往年的收成还要好。葡萄成熟了，四个儿子把葡萄运到城里去卖，路上遇见了农夫的那位朋友。他看到满车的葡萄，感到特别欣慰，并告诉农夫的四个儿子说："其实，农夫并没有在园子里埋什么财宝，财宝来自于勤劳的双手。"四个儿子终于明白了父亲的苦心。

只有辛勤劳动，才会有丰厚的回报。即使再优良的葡萄庄园，没有经过辛勤汗水的浇灌，终究也是会杂草丛生、一片荒芜。传说中的点石成金之术并不存在，而在劳动中获得财富才是最正确的途径。

美国著名作家杰克·伦敦在19岁以前，还从来没有进过中学。但他非常勤奋，通过不懈的努力，使自己成为一个文学巨匠。杰克·伦敦的童年生活充满了贫困与艰难，他整天在旧金山海湾附近游荡。说起学校，他不屑一顾。不过有一天，他漫不经心地走进一家公共图书馆内，读起名著《鲁滨孙漂流记》时，他看得如痴如醉，并受到了深深的震动。在看这本书时，饥肠辘辘的他竟然舍不得中途停下来回家吃饭。第二天，他又跑到图书馆去看别的书，另一个新的世界展现在他的面前——一个如同《天方夜谭》中巴格达一样奇异美妙的世界。从这以后，一种酷爱读书的情绪便不可抑制地左右了他。一天中，他读书的时间达到了10～15小时，从荷马到莎士比亚，从赫伯特斯宾基到马克思等人的所有著作，他都如饥似渴地读着。19岁时，他决定停止以前靠体力劳动吃饭的生涯，改成以脑力谋生。他厌倦了流浪的生活，他不愿再挨警察无情的拳头，他也不甘心让铁路的工头用灯按自己的脑袋。于是，就在他19岁时，他进入加利福尼亚州的奥克德中学。他不分昼夜地用功，从来就没有好好地睡过一觉。天道酬勤，他也因此有了显著的进步，只用了三个月的时间就把四年的课程读完，通过考试后，他进入了加州大学。他渴望成为一名伟大的作家。在这一雄心的驱使下，他一遍又一遍地读《金银岛》《基督山伯爵》《双城记》等书，之后就拼命地写作。他每天写5000字，也就是说，他可以用20天的时间完成一部长篇小说。他有时会一口气给编辑们寄出 30 篇小说，但它们统统被退了回来。但是他没有气馁，后来他写了一篇名为《海岸外的飓风》的小说，这篇小说获得了《旧金山呼声》杂志所举办的征文比赛头奖，但他只得到了 20 美元的稿费。五年后的 1903 年，他有 6 部长篇以及 125 篇短篇小说问世。他成了美国文学界最为知名的人物之一。

"成事在勤，谋事忌惰。"杰克·伦敦的经历一点都不让我们感到惊讶，一个人的成就和他的勤奋程度永远是成正比的。试想，如果杰克·伦敦不是那么勤奋，写作不是那样废寝忘食，他绝对不会取得日后的成就。

一个人要取得成功、得到财富，固然与个人的天赋、环境、机遇、学识等因素有很大关系，但更重要的是自身的勤奋与努力。勤奋的劳动是成功的必经之路，幸福生活的获得需要靠自己勤劳的双手去实现。勤劳是人们最宝贵的财富，是永不枯竭的财富之源。

## 耐心地做好每一次重复

"业精于勤荒于嬉"，技艺的精巧是通过不断反复勤奋地练习修来的。要做到勤奋确实非常不容易，因为反复地做同一件事情，对我们来说实在太枯燥了，但是我们应该要耐心地做好。只要努力地做好每一次重复，相信终会大有所成。

颜真卿非常喜爱书法艺术，他起初师从名家褚遂良学习书法艺术，为了摄取众家之长，后来颜真卿又拜在张旭门下。张旭是一位极有个性的书法大家，因他常喝得大醉，就呼叫狂走，然后落笔成书，甚至以头发蘸墨书写，故又有"张颠"的雅称，是唐代首屈一指的大书法家，兼擅各体，尤其擅长草书，被誉为"草圣"。颜真卿希望在这位名师的指点下，很快能学到写字的窍门，从而在书法上能有所成就。

但拜师后的颜真卿，却没有半点参透老师张旭的书法秘诀，因为张旭只是给他介绍一些名家字帖，简单地指点一下各家字帖的特点后，就让颜真卿自己临摹。有的时候，就在旁边看着张旭泼墨。就这样几个月过去了，颜真卿依然没有得到张旭的书法秘诀，心里有些着急了，觉得老师张旭有点藏技之嫌，他决定直接向老师提出要求。一天，颜真卿壮着胆子，红着脸说："学生有一事相求，望请老师将书法秘诀倾囊相授。"张旭回答说："学习书法，一要'工学'即勤学苦练；二要'领悟'，即从自然万象中接受启发。这些我不是多次告诉过你了吗？"颜真卿听了，认为这并不是他想听到的书法秘诀，于是又向前一步，施礼恳求道："老师说的'工学''领悟'，这些道理我都知道，我现在最需要的是行笔落墨的绝技秘方，望请老师赐教。"

张旭听了这些，知道他有些急躁了，便耐着性子开导颜真卿："我是见公主与担夫争路而察笔法之意，见公孙大娘舞剑而得落笔神韵，除了勤学苦练就是观察自然，别的没什么诀窍。"最后又严肃地说，"学习书法要说有什么'秘诀'的话，那就是勤学苦练。要知道，不下苦功的人，是不会有任何成就的。"老师的教诲，使颜真卿大受启发，他真正明白了为学之道。从此，他扎扎实实勤学苦练，潜心钻研，从生活中领悟运笔神韵，进步神速，终成为一位大书法家。颜真卿的字端庄正雅，被称为"颜体"，与柳公权的"柳体"并称于世，而"颜筋柳骨"也成为后世典范。

要想写好字，就必须反复不断地重复着"点、横、竖、撇、捺、钩……"的练习，从古至今的大书法家钟繇、王羲之、王献之、褚遂良、智永、怀素等，未尝不是如此。

钟会来到父亲的卧榻前，最后一次聆听父亲钟繇的教诲。垂垂老死的钟繇交给他一部书法秘术，并且将自己刻苦练习的故事告诉钟会予以勉励：钟繇耗尽三十余年心血，一直致力于学习书法。他主要从蔡邕的书法技巧中掌握了写字要领。在练习的过程中，不分昼夜，不论场合，有空就写，有机会就练。与人坐在一起谈天，就在周围地上练习。晚上休息，则以被子做纸张，结果时间长了被子竟被划了个大窟窿。

这里有一则关于钟繇的有趣的小故事：钟繇在学习书法艺术时极为用功，有时甚至达到入迷的程度。据西晋虞喜《志林》一书记载，钟繇曾发现韦诞座位上有蔡邕的练笔秘诀，便求借阅，但因书太珍贵，虽经苦求，韦诞始终没有答应借给他。钟繇情急失态，捶胸顿足，弄得自身伤痕累累，如此大闹三日以至昏厥。幸得曹操及时命人救起，钟繇才大难不死。尽管如此，韦诞仍是铁石心肠，不为所动。钟繇无奈，只有望书兴叹。待韦诞死后，钟繇派人掘其墓而得其书，从此书法进步迅猛。

王羲之醉心练字，就连平常走路的时候，也随时用手指比画着练字，日子一久，衣服竟被划破。经过这样一番勤学苦练，王羲之的书法才得以精进，被后世称为"书圣"。王献之师承父亲王羲之，造诣相当高深。从晋末至梁代的一个半世纪里，他的影响甚至超过了其父王羲之。王献之在书法上有如此成就，与他的勤奋练字是分不开的。据说王献之练字用掉了十八缸水。

褚遂良苦练书法，相传他因勤于书法，常到居室前面的池塘里清洗毛笔，久而久之，池塘里的水都染成了黑色。勤奋的褚遂良书法技艺精进，与欧阳询、虞世南、薛稷齐名为初唐四大书法家。

怀素的草书称为"狂草"，用笔圆劲有力，使转如环，奔放流畅，一气呵成，和张旭并称"张颠素狂"。怀素勤学苦练的精神也是十分惊人。因为买不起纸张，怀素就找来一块木板和圆盘，涂上白漆书写。后来，怀素觉得漆板光滑，不易着墨，就又在寺院附近的一块荒地上，种植了一万多株芭蕉树。芭蕉长大后，他摘下芭蕉叶，铺在桌上，临帖挥毫。怀素这样没日没夜地练字，老芭蕉叶被摘光了，小叶又舍不得摘，于是想了个办法，干脆带了笔墨站在芭蕉树前，对着鲜叶书写，烈日不断、风雨无阻，从未间断。

王羲之的第七世孙智永和尚是严守家法的大书法家。他习字很刻苦，冯武《书法正传》说他住在吴兴永欣寺，几十年不下楼，临了八百多本《千字文》，给江东诸寺各送一本。智永还在屋内备了数支容量为一石多的大簏子，练字时，笔头写秃了，就取下丢进簏子里。日子久了，破笔头竟积了十大簏。后来，智永便在空地挖了一个深坑，把所有破笔头都埋在坑里，砌成坟冢，并称之为"退笔冢"。

这些大书法家无一不是经过勤学苦练、耐心完成一次又一次地重复才终有所成的。其他的技艺不同样要求如此吗？纪昌射箭、文王演《周易》、伯牙《水琴操》、达·芬奇画蛋，等等，都是耐心完成一次次的重复才取得成功的。

有的人因为不断重复带来的枯燥而厌烦，有的人却因为稍微取得了一些成就就不再重复下去，甚至有的人一开始就自命不凡、等闲地对待这简单的重复。这样的人能取得大的成就？当然很难。因此务必静下心来，耐心对待每一次重复。

## 从零开始，脚踏实地才能跳得更高

许多成功的人，都有一个共同的特点：即从零开始，脚踏实地。成功虽然有捷径，但是成功的路只能靠自己一步一步踏踏实实地走。

20世纪70年代初，麦当劳看好了中国市场。其总部决定先在当地培训一批高级管理人员。他们选中了一个著名的年轻企业家。通过几次商谈，还是没有定下来。最后一次谈判，总裁要求该企业家带他的夫人来。在商谈的最后关头，总裁问了一个出人意料的问题："如果我们要你先去洗厕所，你会怎么想？"年轻企业家被这突如其来的一"棒"打蒙了。好在他旁边的夫人打破僵局："没关系，我老公在家里经常洗厕所。"就这样，他通过了面试。

令人没想到的是，第二天一上班，总裁真的安排他去洗厕所，并尾随其后观察。直到后来他当上了高级管理人员，看了麦当劳总部的规章制度才知道，原来麦当劳训练员工的第一课，就是洗厕所，连总裁也不例外。

麦当劳的经理都是从零开始的。脚踏实地、从头做起是在麦当劳成功的必要条件。麦当劳认为："如果你没有经历过各个阶段的尝试，没有在各个工作岗位上亲自实践，你又如何以管理者的身份对他们进行监督和指导呢？"

当然，这对于那些年轻的、取得了各式文凭、踌躇满志想要大展宏图的人来说，往往是不能接受的。虽然很多新人很难做到，但那些在公司干了6个月以上的人后来都成了麦当劳公司的忠诚雇员。

李嘉诚说："不脚踏实地的人，是一定要当心的。假如一个年轻人不脚踏实地，我们使用他就会非常小心。你造一座大厦，如果地基打不好，上面再牢固，也是要倒塌的。"

日本"经营之神"松下幸之助年轻时曾经在一家电器商店当学徒。同时在这家店里帮工的还有另外两个学徒，他们都是同时进入这家商店的。开始时，三人薪水很低，另两个学徒时常发牢骚和抱怨，对工作日渐马虎起来。

松下以前从来没有做过电器方面的事情，这次到这家电器商店工作，面对那么多的电子产品，他明白了自己的无知。他每天都比别人晚下班，用这些时间阅读各种电子产品的说明书；其他两个同事外出休闲的时候，他参加了电器修理培训班。他花了大量的时间学习电器知识，因为他决心用学习让自己成为这方面的行家。此时，他的两个同事却因为这些而嘲笑他，但这一切都无法阻止他继续学习。

终于，通过不断努力，松下从一个对电器一窍不通的学徒变成了一个能够给顾客清楚明了地讲解电器知识的专家，并且还可以自己动手修理与设计电器。这一切努力都没有白费，店主将这一切都看在眼里，对松下的这种学习精神非常赏识，不久便将他由普通学员升为正式员工，并且将店里的很多事情都交给他处理。这为松下以后的创业打下了坚实的基础。与之相反，他的两个同事最后因为一直没有能力上的进步，被解雇了。

相比另外两个同事牢骚抱怨，好高骛远，日后被开除，松下静下来研究电工知识，一步一个脚印、踏踏实实地工作，为他赢得了职位的提升，也为他以后的职业发展之路夯实了基础。

"不以善小而不为"，职场人不要小看自己所做的每一件事，即便是最普通的，也应该脚踏实地去完成。小任务顺利完成，有利于你对大任务的成功把握。一步一个脚印地向上攀登，便不会轻易跌落，通过工作获得真正力量的秘诀也就蕴藏其中。而这种力量会成为自己成功的"资本"。

不积跬步无以至千里，不积小流无以成江海。想要成就一份功业，就需要付出坚强的心力和耐性，你想坐收渔利，也只能是白日做梦。你想凭侥幸靠运气夺取丰硕的果实，运气永远不会光顾你。

第八章

但凡被荣光遗漏，掌声
也许等待在最后

## 上天不需要你成功，只需要你尝试

美国著名企业家、戴尔电脑公司创始人迈克尔·戴尔常说："如果你认为自己的主意很好，就去试一试！"而戴尔本人也正是凭着果断的行动成为企业巨子的。生活中有太多的人总是在冥思苦想，总是顾虑重重："我还没准备好呢，我能实现这个梦想吗？"他们迟迟不敢行动，结果白白浪费了许多时间和精力。如果能学习文中那位年轻的艺术家，你的梦想实现的概率会越大。

很多人在尝试做一件事的时候总是希望得到一种保证，希望一次就能成功，其实这是不可能的。在条件还不成熟的情况下，失败在所难免。所以，你要让自己振作起来，要敢于去尝试，不要想想就算了。一件事情的背后往往隐藏着很多新的机遇，而这些机会不尝试是发现不了的。你所跨出的每一步，往往会给你下一步的人生带来很大的改变。

人生就像我们蹒跚学步的时候一样，每一次尝试，每跨出一步都是一种改变，都是一种新感觉，都会有一种意外的收获和喜悦。不去尝试，就永远没有机会。

只要你始终保持尝试的热情，那么，奇迹离你还会远吗？

当困难摆在我们面前，不要躲避，尝试去解决，才有可能获得成功。

国王费迪南决定从他的十位王子中选一位做继承人。他私下吩咐一位大臣在一条两旁临水的大道上放置了一块"巨石"，想要通过这条路，都得面临这块"巨石"，要么把它推开，要么爬过去，要么绕过去。然后，国王吩咐王子先后通过那条大路，分别把一封密信尽快送到一位大臣手里。王子们很快就完成了任务。费迪南开始询问王子们："你们是怎么把信送到的？"

一个说："我是爬过那块巨石的。"一个说："我是划船过去的。"也有的说："我是从水里游过去的。"

只有小王子说："我是从大路上跑过去的。"

"难道巨石没有拦你的路？"费迪南问。

"我用手使劲一推，它就滚到河里去了。"

"这么大的石头，你怎么想用手去推呢？"

"我不过是试了试，"小王子说，"谁知我一推，它就动了。"

原来，那块"巨石"是费迪南和大臣用很轻的材料仿造的。自然，这位善于尝试的王子继承了王位。

工作、生活中会有许许多多的"巨石"挡在路中，我们会绞尽脑汁想办法怎样绕过去或爬过去，却很少想到把它"推开"，因为我们被巨石的外貌吓倒了，产生了畏难情绪，谁也不愿去尝试。可是，不尝试又怎么能够成功呢？

在哥伦布成功之前，谁也不相信大洋彼岸还有一片绿洲；在乔治·赫伯特成功之前，谁也不相信他能将一把斧头卖给总统。

有些人之所以不能成功，是因为他们在尝试之前就给自己预设了一种可能：这件事情绝不可能成功！就这样，失败的念头抢占了他们脑海中的高地，堵塞了努力的道路。而满怀信心的人永远相信，想要追求梦想，首先要做一个敢于做梦的人。在追求的路上，要记得将必胜的信念放进随身的行囊。

信念代表着一个人在事业中的精神状态和把握工作的热情，以及对自己能力的正确认知。只有怀着必胜的信念，我们工作起来才能充满热情，干劲十足，无所畏惧地勇往直前。或许你现在的生活碰到了一些小麻烦、小挫折，但这些都将成为你走向成功的垫脚石、助推器。决心就是力量，自信就是成功，尝试就是走向成功，若拥有必胜的信念，你将永远比别人更容易走向成功。

## 与其避险，不如冒险

人生就像是一场搏击赛，有些时候需要避开对手强有力的攻击，有些时候需要隐藏脚步、迷惑对手，但一旦最有利的时机出现，所有的隐藏与让步都应抛到一边，拿出勇气与魄力，冒险去主动出击。如果一味地以韬光养晦来隐藏自己的锋芒，久未出击的拳脚总有一天会对攻击变得生疏，而导致失去主动出击的能力。

那些在事业上获得巨大成就的人往往是具有冒险精神的人。事实上，没有冒险就没有机遇，没有机遇就很难成功。机遇从来都伴随着挑战，如果你畏惧挑战而放弃，相应的你也失去了难得的机遇。敢于冒险，在一定程度上，是和成功相关联的。

石油大王哈默告诉人们："不会冒险的人永远也不会取得成功。惧怕失败，不冒风险，平平稳稳地过一辈子，虽然可靠，虽然平静，但只是一个悲哀而无聊的人生，一个懦夫的人生，其中最令人痛惜的就是，你自己葬送了自己的潜能。"

与其平庸地过一生，不如为自己的理想勇敢去冒险和闯荡，做一个敢于冒险的英雄。

曾有两位少年去求助一位老人，他们问着相同的问题："我有许多的梦想和抱负，但总是笨手笨脚，无从下手，不知道如何才能实现自己的目标。"

老人给他们一人一颗种子，细心地交代："这是一颗神奇的种子，谁能够妥善地保存它，谁就能够实现他的理想。"

几年后，老人碰到了这两位少年，顺便问起种子的情况。

第一位少年谨慎地拿着锦盒，缓缓地掀开里头的棉布，对着老人说："我把种子收藏在锦盒里，时时刻刻都将它妥善地保存着。为了这颗种子能够完整地保存，我为它专门建了一个恒温室。我相信它现在仍完好如初，其价值没有任何折损。"

接着第二位少年，汗流浃背地指着旁边的一座山丘道："您看，我把这颗神奇的种子，埋在土里灌溉施肥，现在整座山丘都长满了果树，每一棵果树都结满了果实，原来的一颗种子现在变为了千万颗。这就是我实现这颗神奇的种子价值的方法。"

老人关切地说："孩子们，我给的并不是什么神奇的种子，不过是一般的种子而已。如果只是守着它，永远不会有结果；只有用汗水灌溉，才能有丰硕的成果。让种子生根发芽，虽然会冒风霜雨雪侵蚀的风险，但正由于经历了这些锤炼，生命才焕发出神奇的力量，种子的价值才真正得到了实现和延续。"

第一位少年不敢冒险，结果失败。不敢冒险去做，其实是冒了更多的险。冒险与收获常常是结伴而行。险中有夷，危中有利，要想有卓越的人生，就要敢冒险。现代社会，几乎每次变革和创新，都会面临一定的风险。因此，人们在尝试新事物前，要做好可能失败的心理准备，尽管他们会做出各种努力去规避风险。

有些人很聪明，对不测因素和风险看得太清楚了。不敢冒一点险，结果聪明反被聪明误，永远只能过一种平庸的生活。勇于尝试可以让你发现机会，化危机为转机。有些在平时看似"不可能"的事情，在你的尝试中也可能变成现实。正如一位成功人士所说的那样，尝试可以创造奇迹。也有不少人因为生活经历较少，经验不足，遇事都不敢主动去冒险，结果错失了许多的机遇。事实上，敢冒风险并非铤而走险，敢冒风险的勇气和胆略是建立在对客观现实的科学分析基础之上的。顺应客观规律，加上主观努力，力争从风险中获得利益，这是成功者必备的心理素质。

我们应该明白这样一个道理：与其不尝试而失败，不如尝试了再失败，不战而败是一种极端怯懦的行为。如果想成为一个成功者，就要具备坚强的毅力，以及过人勇气和胆略。

那些遇到危机和困境而又缺乏行动能力的人，总是为自己的行动先寻找借口。一般来说，编造种种借口拒绝行动的人，用一整套懒汉理论武装了自己，他们不想冒险摆脱危机或困境，而只想等人来救，殊不知，这样下去才更可能因耗尽精力而无力回天。

一件事情，只有去做了，才能判定自己行或不行，因为太多的事情对社会来说是前所未有的，对参与者来说从未做过，只有勇敢地去冒险、去尝试，才能把握其中的诀窍，并锻炼自己的能力。不愿、不敢去冒险的人，注定在碌碌无为的人生中，对自己向往的事物也一点点地失去兴趣，直至平庸的生活将其变得麻木。

真正的人生不可能没有风雨，只有勇敢地走出去，为了生活的理想而冒险，才能在别人犹豫不决时果断决策，才能不安于现状，创造更多辉煌。所以说，如果不去冒险，本身就已经非常危险的。在我们周围许多人努力过着或正过着安逸的生活。看看那些成功人士，没有人是过着安逸的生活而成功的，他们的成功正源于他们不同于平凡人的冒险勇气。丹麦哲学家克尔恺郭尔说："在一个人生命的初始阶段，最大的危险就是：不冒风险。"隐匿固然可以获得平稳的生活，同时也丧失了成功的可能。人生就是一场冒险，畏缩不前的人，永远走不到远方。

## 冒险者不一定成功，成功者必冒风险

一个准备到人间投胎的灵魂对阎王爷说："您让我投胎到世上做世界上最好的生物吧！我将永远崇拜您。"

阎王爷仁慈地回答："好，你准备做人吧，这是世界上最好的生物。"

灵魂问："做人有风险吗？"

"有，钩心斗角，残杀，诽谤，夭折，瘟疫，失业……"

"另换一个吧！"

"那就做牛吧！"

"做牛有风险吗？"

"有，受鞭笞，被人驾驭，被宰杀……"

"唉，请再换一个吧。"

"那就做狮子！"

"狮子！"灵魂乐了，"狮子是兽中之王，它一定没风险。"

"不，狮子也有风险，有时被人猎杀，有一种小兽是它的克星……"

"啊，阎王爷，我不想当动物了，植物总可以吧。"

"植物也有风险，树要遭砍伐，有毒的草被制成药物，无毒的草人兽食之……"

"啊……恕我斗胆，看来只有您阎王爷没风险了，让我留在您身边吧……"

阎王爷哼了一声："我也有风险，人世间难免有冤情，我也难免被人责问，时时不安……"说着，阎王爷顺手扯过一张鼠皮，包裹了这个魂灵，推下界来："去吧，你做它正合适。"

只要生存在这个世上，就难免会遇到风险。若是害怕风险，像那个准备投胎的灵魂一般，则不可能迎来辉煌的人生，只能像老鼠一般，畏畏缩缩，苟且偷生。

有冒险就有失败的可能，失败是冒险的成本。世上没有万全之策，生活中到处可见成本。有人戏言：向前迈步的成本是不能后退，欢乐的成本是忘却痛苦；偷懒的成本是失去工作，勤劳的成本是引来妒忌；学习的成本是寂寞，思考的成本是孤独；清高的成本是失群，随和的成本是被轻视；权利的成本是义务，贪图享乐的成本是虚度年华；分工的成本是知识的分立和信息的不对称，合作的成本是个人服从组织和兼容并蓄；规范的成本是创新，创新的成本是风险；死的成本是一无所知，而生的成本是喜怒哀乐愁。等有了100%的保险系数再去做，那就真是什么事情也干不成了。

约翰·穆勒说："除了恐惧本身之外没有什么好害怕的。"美国最伟大的推销员弗兰克也如是说："如果你是懦夫，那你就是自己最大的敌人；如果你是勇士，那你就是自己最好的朋友。"

而维特根斯坦亦说："勇气通往天堂之途，懦弱往往叩开地狱之门。"懦弱是人性中勇敢品质的"腐蚀剂"，时时威胁着我们的心灵。只有在生命中注入勇气，才能帮助你斩断前进途中缠绕在腿脚上的蔓草和荆棘。

不敢冒险，不敢拼搏的人，总是为某一件事做无数的准备，但即使他做得再多，也不会感到安全，不敢向人生搏击，而他所做的一切便如流水一般，毫无功用，渐渐流走。只有敢于搏击，人生的勤奋才有方向，努力才不会白费。

美国银行家莫尔在1888年的大选中，当选为副总统，在他执政期间，政绩显著，声名远播。当时，《纽约时报》有一位记者偶然得知这位副总统曾经是一名小布匹商人，感到十分奇怪：从一个小布匹商人到副总统，为什么会发展得这么快？带着这些疑问，他访问了莫尔。

莫尔说："我做布匹生意时也很成功。可是，有一天我读了一本书，书中有句话深深打动了我。这句话是这样写的：'我们在人生的道路上，如果敢于向高难度的工作挑战，便能够突破自己的人生局面。'这句话使我怦然心动，让我不由自主地想起前不久有位朋友邀请我共同接手一家濒临破产的银行。因为金融业秩序混乱，自己又是一个外行，再加上家人的极力反对，我当时便断然拒绝了朋友的邀请。但是，在读到这句话后，我的心里有种燃烧的感觉，犹豫了一下，便决定给朋友打一个电话，就这样，我走入了金融业。经过一番学习和了解，我和朋友在一起从艰难中开始，渐渐干得有声有色，度过了经济萧条时期，让银行走上了坦途，并不断壮大。之后，我又向政坛挑战，成为副总统，到达了人生辉煌的顶端。"

莫尔的成功，正是在于他不断地拼搏，不怕风险，以风险为资本，搏击自己的人生。在他的人生中，充满了冒险的勇气。

充满勇气，你就能比你想象的做得更多、更好。在勇于挑战困难的过程中，你就能使自己的平淡生活变成激动人心的探险经历，这种经历会不断地向你提出高标准，不断地奖赏你，也会不断地使你恢复活力和满怀创造力。

人们无论做什么事情，都有冒险的成功，永远没有十全十美。如果想等到"十拿九稳"，才肯举步向前，那你就只配充当远远跟在开拓者之后的毫无建树的追随者。

并不是所有的勤奋者都能成功，因为它十分偏心，仅仅钟爱那些敢冒风险、善于竞争的勇士，仅仅属于那独辟蹊径、最终登上巅峰的强者。

我们提倡拼搏冒险，目的是获得成功。要知道，任何成功都不是凭运气得来的，也都不是偶然拾来的"钱包"，而是靠着辛勤的努力，经过一番拼搏换来的，其中风险是客观存在的，只有不畏风险，才能获取成功。许多人虽然奋斗不止，却在成功的道路上摔了一个大跟头，就是由于他们在风险面前犹豫不决、止步不前，结果错过了成功的时机，到最后总是遗憾地说："我当时为什么不敢搏一下。"

冒险者不一定是成功者，然而，成功者必定是冒险者。从这个意义上看，敢冒风险是开拓型人才必备的品格，也是事业成功的前提条件。不敢冒风险的人，即使再勤奋，也是很难获得成功的，因为成功总是与风险相伴相随。俗话说，舍不得孩子套不着狼，不冒风险一般干不成大事，要想什么都拿第一，就得承担连一个第一甚至第二、第三都得不到的风险。

## 与鲨鱼同游，才能成长得更快

鲨鱼的强壮、敏锐能在几千米外感觉到海中的一滴血的气味。这种强者的气势、敏锐的感觉正是在为提升影响力的年轻人需要学习的，而成功者正是这样的鲨鱼。

与常人交际极为重要，与成功人士交际更为重要。德国诺贝尔心理学和医学奖获得者瓦勃格指出："一个有影响力的科学家，一生中最重要的就是跟当代的科学巨人进行个人接触。"

也许你无缘与巨人直接会面，但可以间接和他做思想上的交流。

作为一条刚下海的小鱼，拿破仑·希尔曾经听取已经是鲨鱼级人物、钢铁大王安德鲁·卡内基的建议，遍访成功的鲨鱼们，不管他是实业大亨还是金融大鳄。经过20年的奋斗，拿破仑·希尔也成为鲨鱼级人物，甚至在他死后多少年，他的成功学还在激励着无数的年轻人。

拿破仑·希尔有一个思维习惯：晚上睡觉前，他闭上眼睛，想象有9个朋友和自己一起围着桌子而坐，拿破仑·希尔有时还担任这个联席会议的主席。要知道，这9个人的地位和成就都是那时的拿破仑·希尔望尘莫及的，他们是：爱默生、潘恩、爱迪生、达尔文、林肯、柏班克、拿破仑一世、福特、卡内基。

希尔在午夜神驰中把这些鲨鱼级的人物都邀请过来与他同游，给他智慧和力量。他是这样和这些鲨鱼对话的：

"林肯先生，我希望在自己的性格中，塑造你特有的敏锐正义感、永不倦怠的耐性、幽默感、人道爱心以及容忍力。"

"福特先生，我希望获得你的不屈不挠的精神、决心、镇定和自信心，这些特质使你能战胜贫困……"

当这黑夜神思会开多了的时候，希尔发现这9个人物像活了起来。比如说，潘恩与柏班克的对话总是很机智，而林肯一脸严肃。有一回话题谈到苹果，达尔文提醒说："在林中采集苹果时小心小蛇，因为小蛇有长大的危险。"爱默生则说："没有蛇，就没有苹果。"拿破仑一世加上一句："没有苹果，就没有国家！"

希尔与这些鲨鱼游得如此贴近，以至这些伟大人物的习惯、思维都已经浸透在他的血肉和灵魂中。希尔说："经验教导我，仅次于真正伟大的，就是效法伟人，尽可能地在感觉和行动上接近他们。"

要想成为一个有所成就的人，只有与鲨鱼同游，才能成长得更快。

《周易·系辞上》中说："二人同心，其利断金。"朋友之间同心协力，就可以锋利无比，截断黄金。孔子也说："有朋自远方来，不亦乐乎！"这里所说的朋友，当然是指对自己相交有益的朋友，也就是孔子所说的"友直，友谅，友多闻"，即正直、诚实和有教养有学识的朋友。这类朋友都是从友爱之心出发，不过分苛求朋友，他们都能做到"己所不欲，勿施于人"，能谅解朋友一时的过失和错误。同时，益友又是诤友，他们并不一味迁就朋友的过失和不足，自己认识到的真理、自己的学识、自己某些方面的美好品德，他们都尽量输送给朋友，帮助朋友涵养德行。

真正的朋友，相互尊重，不相互吹捧；往来频繁，但不过分亲昵；往来不多，也心心相印。

鲁迅早年师从于资产阶级革命家、著名学者章太炎，后与蔡元培结下了深厚的友谊，又同许寿裳等学者、作家在事业上是互相切磋的好友。此外，还结交了许多革命青年，特别是结交像瞿秋白、冯雪峰等共产党人朋友，对他能成长为共产主义战士起到了不可忽视的作用。

鲁迅和瞿秋白在文化战线上经常合作，介绍翻译马列主义文艺理论和苏联文学作品。在最危险的关头，鲁迅让瞿秋白避在自己家中。瞿秋白在自编的《鲁迅杂感选集》序声中，对鲁迅给以很高的评价。鲁迅也在瞿秋白牺牲后，怀着悲痛的心情，带病将朋友的遗言编成《海上述林》出版。他在前言引用的对联中，把包括瞿秋白在内的共产党人比作"知己"，并以有这样的"知己"为人生最大的满足。

鲁迅之所以始终前进，一直在时代的前头，朋友的帮助起到了重要作用。

在志同道合的基础上，建立起来的友谊，是万古长青，它经得起任何考验。与品质高尚的人交朋友，结下的真挚友谊是获得成功的助进剂。

## 短暂的激情不值钱，持久的激情才能取胜

你对工作拥有激情吗？你重视你的工作吗？如果你不关心你的工作，老板也不会关心你；你自己垂头丧气，老板自然对你丧失信心。一旦你成为企业里可有可无的人，你也就等于放弃了自己继续从事这份工作的权力。

而那些对工作充满激情的人，不但可以提升自己的工作业绩，而且还可以为自己带来许多意想不到的成果。美国哲学家、散文家及诗人拉尔夫·沃尔德·爱默生说过："没有激情，任何伟大的事业都不可能成功。"对成功不利的所有因素，如迷惑、失望、恐

惧、消极、颓废、猜忌、犹豫等都是由缺少激情引起的，这些因素的存在使我们未老先衰、止步不前；而由激情带来的希望、果断、积极、主动、兴奋等，则可以使我们获得与困难搏斗的勇气和向目标迈进的力量。

激情是我们事业成功和生活幸福的源泉。

激情给我们以智慧，比尔·盖茨说："每天早晨醒来，一想到所从事的工作和所开发的技术将会给人类生活带来巨大的影响和变化，我就会无比兴奋和激动。"

激情给我们以灵感，牛顿从司空见惯的苹果落地现象发现了万有引力定律。

激情给我们以力量，贝多芬在耳朵失聪的情况下奏响了美妙的乐章。

激情能使我们更加努力、更加快乐地去工作，享受工作的乐趣！

每个人内心深处都有像火一样的激情，却很少有人能将自己的激情释放出来，大部分人都习惯于将自己的激情埋藏在内心深处。

如果不能使自己的全部身心都投入到工作中去，那么你无论做什么工作，都只能沦为平庸之辈，做事马马虎虎，只得在平平淡淡中了却此生。如果是这样，你的人生结局将和千百万的平庸之辈一样。

第二次世界大战期间，与法西斯主义势不两立的美国女记者多萝西·汤普森将她的报纸专栏作为打击希特勒政权的武器。她的专栏文章由报业辛迪加向 150 家报纸发稿，那些富有洞察力又注入了丰富感情的政治评论，使得同行们充满理性的专栏文章黯然失色。1940 年，她的读者高达 700 万人。

满怀激情地工作成就了汤普森。在职场上，这种激情创造成功的范例还有很多很多。我们的生命，一半是给工作的，如果我们缺乏对工作的激情，工作就会变成无休止的苦役，这是一件非常可怕的事情。正如加缪描写的古希腊神话中的西西弗斯的境遇：他不停地把一块巨石推上山顶，而石头由于自身的重量又滚下山去，再也没有比进行这种无效无望的劳动更严厉的惩罚了。然而，倘若我们真的处在这样的命运之中，尽管可以找到怨天尤人的理由，但是，有一点必须点破的是，我们自己应对困境负主要的责任。我们往往把工作当成赚钱的手段，很少把它与实现快乐的途径联系在一起，因而对待工作的态度也常常以金钱的多少为转移。

露西大学毕业后到一家创办不久的文化公司从事展销业务，本来展览经济是一个新的增长点，在这一行里有许多美好前景可以开拓，但初创阶段的公司业务并不是很好，露西的工资要比一同毕业的同学少一半。收入上的差距使她心里不平衡了，她开始私下寻找跳槽的机会。结果，不仅跳槽不成，她在公司第二年的竞聘上岗中也落聘了。

这山望着那山高，露西的致命伤在于她丧失了上进的动力和兴趣，从而阻碍了自己的发展。其实工作的成就感绝不只是靠金钱得到的，把收入看淡一点，从工作中发现兴趣，远比盲目地另找一份工作要实际。

对自己的工作充满激情的人，不论工作有多么困难，或需要多大的努力，始终都用不急不躁的态度去对待，而且一定能够出色地完成任务。爱默生说过："有史以来，没有任何一件伟大的事业不是因为激情而成功的。"

同样一份工作，同样由你来干，有激情和没有激情，结果是截然不同的。前者使你变得有活力，把工作干得有声有色，创造

出许多不凡的业绩，使老板对你刮目相看；而后者使你变得懒散，对工作冷漠处之，当然就不会有什么成绩，你的潜在能力也自然得不到施展。

比尔·盖茨认为：一个优秀的员工，他所具备的最重要的素质不是什么能力、责任及其他（虽然它们也不可或缺），而是对工作的激情！他的这种理念也早已深入人心。据微软亚洲研究院前任院长李开复回忆：一位微软的研究员经常周末开车出门，说去见"女朋友"。一次偶然的机会，李开复在办公室里看见他，问他："女朋友在哪里？"他笑着指着电脑说："就是她呀！"

如果不是激情，这个微软研究员怎么会天天去找"女朋友"？

20多岁的人，有人总是一副慵懒的模样，有人眼睛里却总是闪动着耀眼的光芒。如果是老板，你会喜欢哪种？如果是员工，你又会喜欢哪种？

满怀激情的人任何时候都能充满力量，还能源源不断地辐射出力量。满怀激情的人总能坚定地面对困难，奋力地向目标前行。试问：没有激情，你拿什么得到你想得到的东西？

## 背后有"狼"追，你才会跑得更快

踏入社会的你也许在自己的工作岗位上遭遇了能力强劲的对手，你愤恨、不屑、嗤之以鼻，甚至嫉妒得抓狂。其实，对手所给予我们的，不仅仅是危机和斗争，同时还能激发我们求生和求胜之心的动力。

在秘鲁的国家级森林公园，生活着一只美洲虎。由于美洲虎是一种濒临灭绝的珍稀动物，全世界现在也很少，为了很好地保护这只美洲虎，秘鲁人在公园中专门辟出一块近20平方公里的森林作为虎园，还精心设计和建造了豪华的虎房，好让它自由自在地生活。

虎园里森林茂密，百草丰茂，沟壑纵横，流水潺潺，并有成群人工饲养的牛、羊、鹿、兔供老虎尽情享用。凡是到过虎园参观的游人都说："如此美妙的环境，真是美洲虎生活的天堂。"

然而，让人感到奇怪的是，美洲虎从不去捕捉那些专门为它预备的"活食"，也从没有人看见它王者之气十足地纵横于雄山大川，啸傲于莽莽丛林，只是耷拉着脑袋，吃了睡，睡了吃，一副无精打采的样子。有人说它可能是太孤独了，若是有个伴，兴许会好一些。于是，政府又通过外交途径，从哥伦比亚租来一只母虎与它做伴，但结果还是老样子。

一天，一位动物行为学家到森林公园参观，见到美洲虎那副懒洋洋的样子，便对管理员说："老虎是森林之王，在它所生活的环境中，不能只放上一群整天只知道吃草，不知道猎杀的动物。这么大的一片虎园，即使不放进去几只豹子，至少也应放上两只狼，否则，美洲虎无论如何也提不起精神。"

管理员们听从了动物行为学家的意见，不久便从别的动物园引进了几只狼投放进了虎园。这一招果然奏效，自从狼进了虎园的那天，这只美洲虎就再也躺不住了。它每天不是站在高高的山顶愤怒地咆哮，就是犹如飓风般俯冲下山冈，或者在丛林的边缘地带警觉地巡视和游荡。老虎那种刚烈威猛、霸气十足的本性被重新唤醒。它又成了一只真正的老虎，成了这片广阔的虎园里真正意义上的王者。

一种动物如果没有竞争对手，就会变得死气沉沉。同样，一个人如果没有对手，那他就会甘于平庸，养成惰性，最终庸碌无为。一个群体如果没有竞争对手，就会丧失活力，丧失生机。一个行业如果没有了对手，就会丧失进取的意志，就会因为安于现状而逐步走向衰亡。

美洲虎因为有了狼这样的对手，才重新找回了逝去的光荣。有了对手，才会有危机感，才会有竞争力。有了对手，你便不得不奋发图强，不得不革故鼎新，不得不锐意进取，否则，就只有被吞并，被替代，被淘汰。

请记住：对手所给予我们的，不仅仅是危机和斗争，同时还能激发我们求生和求胜之心的动力。所以，善待你的对手吧！因为他的存在，你才能永远做一只威风凛凛的"美洲虎"，你的生命也才会活得更精彩。

善待你的对手，千万别把他当成"敌人"，而应该把他当做你的一剂强心针，一部推进器，一个加力挡，一条警策鞭。对于在职场中奋斗的人来说，当你学会了感激、欣赏和帮助对手的时候，就是人格走向成熟的时候。欣赏、理解、包容自己的对手，看淡结果的得与失，那么你的心态也会平和、宁静和宽容。这样一来，在面对竞争对手的时候，你可以气定神闲地迎接挑战。胜利了，赢得辉煌；失败了，同样美丽。

康熙帝在位执政六十周年之际，特举行"千叟宴"以示庆贺。宴会上，康熙敬了三杯酒：第一杯敬孝庄太皇太后，感谢孝庄辅佐他登上皇位，一统江山；第二杯敬众位大臣及天下万民，感谢众臣齐心协力尽忠朝廷，万民俯首农桑，天下昌盛；当康熙端起第三杯酒时说："这杯酒敬给我的敌人，吴三桂、郑经、噶尔丹还有鳌拜。"众大臣目瞪口呆、迷惑不已。看到众人的不解神情，康熙继而解释道，"是他们逼着我建立了丰功伟绩，没有他们，就没有今天的我，因此我感谢他们。"

康熙八岁继承皇位，先后面对鳌拜、吴三桂、郑经、葛尔丹等对手的虎视狼眈，是这些对手让康熙逐渐变强，从而建立了这不朽功勋。是的，我们要感谢对手，因为对手是我们的老师，竞争对手是我们需要激励自己拼尽全力去超越的目标。正是对手的存在，才使得我们的事业步步上升，才使得我们的头脑由妄自尊大变得沉着冷静，才使我们在凌空虚蹈的瞬间如梦初醒。正视对手，我们能够不断地校正方向，我们能够不停地向前方奔跑，我们能够不悔地抵达美好的未来。

尊敬和感谢对手，是他们给了我们奋发向前的动力。在人生之路上，对手既是我们的同行者，也是挑战者。是对手的挑战唤起了我们战斗的勇气和信心；对手的存在能够让我们看到自己的不足，能够让我们清楚地认识自己的长处和短处，能够激励我们不断地完善自己、超越自己。

## 你最大的对手，是自己

在人一生的奋斗中，会遇到各种各样的对手。有聪慧过人的、老谋深算的、心狠手辣的、厚颜无耻的……一个个非常棘手的狠角色，但毫无疑问，其中最难对付的一个就是自己。这个"对手"会用懦弱、懒惰、贪婪、恫吓、不思进取、悲观绝望、自命不凡等"武器"对你进行慢慢腐蚀或一举击溃，总之是软硬兼施、威逼利诱，而且这种威胁一直伴随到你生命的尽头。所以在与其他竞争对手进行搏斗时，别忘了时刻警惕自己，自己才是最大的竞争对手。

"并购了雅虎中国后，我们开始成为所有中国网络公司的竞争对手。"这是具有危机意识的马云在阿里巴巴并购雅虎之后说的话。这次成功并购雅虎中国使阿里巴巴迅速提升了自身实力，一举成为中国最具竞争力的网络公司之一，各路强劲的竞争对手和威胁接踵而至。"我们惊动了全世界最强大的竞争对手 eBay，国内的互联网公司新浪、搜狐、网易、腾讯也全部都把我们当成竞争对手。"马云对此表示有所担忧，但马云认为最大的威胁还是来自自己。"没有公司会对阿里巴巴构成威胁，真正的威胁来自我们自己。中国市场上也许会有 50 个和阿里巴巴相似的公司，但是只会有一个阿里巴巴。"马云就是这么自信，他的自信也有资本：创业八年，身价超过 50 亿。但是面对诸多成功和荣誉，他没有志得意满，他很冷静。"首先，荣誉是团队带来的，而不是我一个人的功劳。其次，对于阿里巴巴这么年轻，还处于创业阶段的公司来说，现在过多的荣誉是害处大于益处。"马云认为阿里巴巴还有许多隐患和风险，他要在成功的风口浪尖给自己泼一盆冷水，他担心的对手不是别人而是自己。"我认为真正的竞争对手是自己，所以我们不去研究竞争对手。为此，我花费了大量口舌来说服我的高层管理团队。在 100 米冲刺时，研究对手就是往后看。只有研究明天，研究自己，研究用户才是根本，才是往前看。别人不一定是对的，你老是研究别人，脚步就自然地跟过去了。"

在阿里巴巴已经是一家很成功的企业的时候，当各方好评如潮水般涌来的时候，马云看到的是危机。"阿里巴巴有没有危机？我觉得危机很大，要不我怎么可能这五年体重没长过一斤，而且现在越来越瘦。我以前也在想公司大点可能老板就轻松了，可现在发觉越大越累，CEO 天天想的就是危机在哪里。找出公司内部的问题是件好事，因为团队需要融洽，有些东西也许今天没用但是可能会成为癌症。作为 CEO 必须在公司内部不断关注癌细胞的恶变，这个很痛苦，你如果能够真的找得到癌细胞，你就是顶尖人物了。"

"最大的威胁还是来自我们自己"，这是马云经常说的一句话。他时刻警惕自己这个竞争对手不曾有过思想放松，所以时刻研究用户、研究自己，才有了阿里巴巴的日益强大。

2000 年，华为公司的年销售额达 220 亿元，获利 29 亿元人民币，位居全国电子百强首位，可就在这个时候，华为公司的总裁任正非却写出了《华为的冬天》一文，跟员工们大谈华为的危机："公司所有员工是否考虑过，如果有一天，公司销售额下滑、利润下滑甚至破产，我们怎么办？我们公司的太平时间太长了，在和平时期升的官太多了，这也许就是我们的灾难。泰坦尼克号也是在一片欢呼声中出的海。而且我相信，这一天一定会到来。面对这样的未来，我们怎样来处理，我们是否思考过……"

我们一旦战胜竞争对手，取得一点成绩以后就开始贪图享乐，作为对自己以往辛苦奋斗的慰劳。稍微犒劳自己一番，完全可以，但是我们绝对不能够麻痹大意、放松警惕，因为始终有一个强大的对手伴随着我们。

《围炉夜话》中说："事当难处之时，只让退一步，便容易处矣；功到将成之候，若放松一着，便不能成矣。"当事情难以办到时，只要能够忍让一步，问题就容易解决。事情将要成功的时候，如果稍有松懈就会功亏一篑，难以成功。

因此我们要时刻警惕，与自己竞争是一场苦战，更是一场持久战。

第九章

你既然认准一条路，
何必去打听要走多久

## 挺住，意味着一切

美国推销员协会曾经对推销员的拜访做长期的调查研究，结果发现：48%的推销员，在第一次拜访遭遇挫折之后，就退缩了；25%的推销员，在第二次遭受挫折之后，也退却了；12%的推销员，在第三次拜访遭到挫折之后，也放弃了；5%的推销员，在第四次拜访碰到挫折之后，也打退堂鼓了；只剩下10%的推销员锲而不舍，毫不气馁，继续拜访下去。结果80%推销成功的个案，都是这10%的推销员连续拜访五次以上所达成的。

一般推销员效率不佳，多半由于一种共同的毛病，就是惧怕客户的拒绝。心里虽想推销却又裹足不前，所以纵有满腹知识与技巧也无从发挥。真正的推销家则有顽强的耐心、"精诚所至、金石为开"的态度，视拒绝为常事，且不影响自身的情绪。

坚持就是胜利。其实成功者与不成功者之间有时距离很短——只要后者再向前几步即可。

一位年轻人毕业后被分配到一个海上油田钻井队。在海上工作的第一天，带班的班长要求他在限定的时间内登上几十米高的钻井架，把一个包装好的漂亮盒子送到最顶层的主管手里。他拿着盒子快步登上了高高的狭窄的舷梯，气喘吁吁、满头是汗地登上顶层，把盒子交给主管。主管却只在上面签下自己的名字，就让他送回去。他又快跑下舷梯，把盒子交给班长，班长也同样在上面签下自己的名字，让他再送给主管。

　　他看了看班长，犹豫了一下，又转身登上舷梯。当他第二次登上顶层把盒子交给主管时，浑身是汗，两腿发颤。主管却和上次一样，在盒子上签下自己的名字，让他把盒子再送回去。他擦擦脸上的汗水，转身走向舷梯，把盒子送下来，班长签完字，让他再送上去。这时他有些愤怒了，他看看班长平静的脸，尽力忍着不发作，又拿起盒子艰难地一个台阶一个台阶地往上爬。当他上到最顶层时，浑身上下都湿透了，他第三次把盒子递给主管，主管看着他，傲慢地说："把盒子打开。"他撕开外面的包装纸，打开盒子，里面是两个玻璃杯、一罐咖啡、一罐咖啡伴侣。他愤怒地抬起头，双眼喷着怒火，射向主管。

　　主管又对他说："把咖啡冲上。"年轻人再也忍不住了，"叭"地一下把盒子扔在地上："我不干了！"说完，他看看倒在地上的盒子，感到心里痛快了许多，刚才的愤怒全释放了出来。这时，这位傲慢的主管站起身来，直视他说："年轻人，刚才让你做的这些，叫作承受极限训练，因为我们在海上作业，随时会遇到危险，

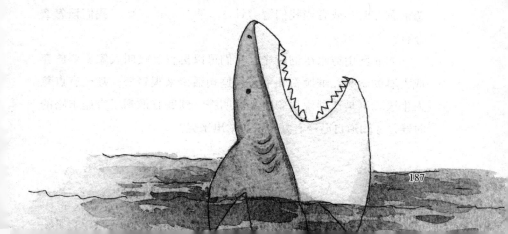

这就要求队员身上一定要有极强的承受能力，承受各种危险的考验，才能完成海上作业任务。可惜，前面三次你都通过了，只差最后一点点，你没有喝到自己冲的甜咖啡。现在，你可以走了。"

成功与失败往往只是一步之差，如果多坚持一秒钟，就会向成功多迈一步，有时这一步就决定了你的成功与否。遗憾的是，很多人往往是在最后一秒钟的时候放弃了。这一点也是许多人成功的一个重要原因。

## 苦难或许会摧残你，但更能成就你

在苏格兰，有一段路，其实顶上就是一片悬崖，所以人们称之为"黑暗里程"。在生活中，我们迟早也要走过这样一段有暗而危机四伏的路程。

人生的际遇像朝阳一样可喜，像绵羊一样可亲，也许像恶魔一样恐怖。可是，你万万想不到会一下子时运不济，处处遭遇打击，被人误解污辱，压榨欺凌，如遇猛虎。更惨的是，有时厄运如同车轮，在你的头上轧过，若无其事。

到了世途艰险、日夜不安的时候，我们该怎么办？单单说要行为正直善良还不够。当我们饱经忧患，四肢乏力，不能支持下去的时候；当我们历尽艰险，无法逃遁的时候；当我们的所爱所恋被剥夺时；或者当我们智穷计尽、丧信心的时候，我们该怎么办有？

在如此山穷水尽的时光，我们可以挺直了腰叫人家不要放弃成大事的念头，继续奋斗下去。这句话说来很轻松，甚至有点惹人生厌。可是这种说法聪明不聪明呢？到底有谁到了穷途末路的时候，才知道自己还有办法没有拿出来呢？

英国政治家兼政论家爱德蒙·培克晚年时，他挚爱的儿子不幸逝世，他的身体本来就很孱弱，当时英国也似乎已丧失了其一脉相承的传统精神，文化传统仿佛就要瓦解。所以他大声疾呼："不要绝望，即使你觉得绝望，仍要在绝望中继续为成大事的目标工作下去！"他的确做到了不放弃，不颓丧，不屈服，仍在绝望中继续为成大事的目标工作下去。

虽然英国政治家培克仍怀着丧子之痛，可是乌云终会转为白日的，时势也会转变。时间的确可以治愈许多人心头的创伤，它也改变许多事情，因而能使我们心头沉重的负担得以减轻。

约翰在威斯康星州经营一座农场，当他因为中风而瘫痪时，就是靠着这座农场维持生活。

他的亲戚们都确信他已经是没有希望了，所以他们就把他抬到床上，并让他一直躺在那里。虽然约翰的身体不能动，但是他还是不时地在动脑筋。忽然间，有一个念头闪过他的脑海，而这个念头注定了要补偿他的不幸的缺憾。

他把他的亲戚全都召集过来。并要他们在他的农场里种植谷物。这些谷物将用作一群猪的饲料，而这群猪将会被屠宰，并且用来制作香肠。

数年间，约翰的香肠就被陈列在全国各商店出售，结果约翰和他的亲戚们都成了拥有巨额财富的富翁。

出现这样美好结果的原因就在于约翰的不幸迫使他运用从来没有真正运用过的一项资源：思想。他定下了一个明确目标，并且制定了达到此一目标的计划，他和他的亲戚们组成智囊团，并且以坚定的信心，共同实现了这个计划。别忘了，这个计划是在约翰中风之后才出现的。

当你遇到挫折时，切勿浪费时间去算你遭受了多少损失；相反地，你应该算算看你从挫折当中，可以得到多少收获和资产。你将会发现你所得到的，会比你所失去的要多得多。

你也许认为约翰在发现思想力量之前，就必然会被病魔打倒，有些人更会说他所得到的补偿只是财富，而这和他所失去的行动能力并不等值。但约翰从他的思想力量和他亲戚的支持力量中，也得到了精神层面的补偿。虽然他的成功，并不能使他恢复对身体的控制能力，但却使他得以掌控自己的命运，而这就是个人成就的最高象征。他可以躺在床上度过余生，每天只为自己和他的亲人难过，但是他没有这样做，反而带给他的亲人们想都没有想过的安全。

长期的疾病通常会使我们不再看，也不再听。我们应该学习去了解发自内心深处的轻声细语，并分析出导致我们遭到挫折，甚至失败的原因。

凡是不能成大事者，都有一个通病，即在失败、挫折面前一蹶不振，从而在任何事情前都没有信心，甚是脆弱得像一棵小草。他们经常说的一句话是："啊！我没有能力做这件事，真的，我好怕。"这种话，除了给自己留一条退路，为自己的失败寻找借口之外，没有任何积极的意义。

把过去到昨天为止所有令你苦恼、悲伤或失败的事，都作为自己的祝福吧。当清晨天明时就去面对一个崭新的挑战，抹掉旧的悲伤和过去的罪恶，那些未来可预知的痛苦，也要完全擦拭掉。虽然过去是失败的连续，但不管过去怎样，也不管将来可预想到的阻碍是如何，我们都必须把握今天，勇敢又坚强地发挥自己的优势，把成大事者的天梯搬到自己的面前。

## 成功就是爬起比跌倒的次数多一次

失败是一个过程，而非一个结果；是一个阶段，而非全部。正在经历的失败，是一个"尚在经受考验"的过程。

"屡战屡败"改为"屡败屡战"，虽是文字上的简单调换，却反映出面对失败的两种心境。

在一次别开生面的人才招聘会上，A 君以其绝对的实力闯过了五关，不知最后一关会是什么。A 君在揣摩着。而另一位同是某名牌大学毕业的 B 君，则有两关是勉强通过的。此时，他们都在等待着那第六关考题的公布，这将是对他们的最后一次宣判，因为两个当中只能选一个。

A 君入选是无疑了。大家都向他投去赞赏的目光。

主持者在片刻的有些令人窒息的"冷场"之后开始宣布：A 君被录取，B 君另谋高就。宣布完后，A 君兴奋地站起来，抑制不住心中的激动之情带头为自己鼓掌。

这时，B 君不卑不亢地起身微笑着说："哦，所谓人各有志，选择人才是择优录取，更何况每个单位都有它用人的标准和尺度，每个人都想找到、也会找到自己适合的位置。好了，再见。"

"B 先生请留步！"主持者面带欣喜起身走向 B 君，"B 先生，你也被录取了。"

接着，主持者向大会郑重宣布：成功与失败本是两个相互依存的概念，是相对而存在的，该是平等的，如果把任何一方看得过重，这个天平就要失衡，在这个世上生存或是发展，我们不能只羡慕成功者的辉煌，而应更看重能镇定自若面对失败的人。因为，每一个成功实际上是以许多的失败为起点的，在起点上都坚持不住的人，何谈以后的漫漫长途呢！全场响起热烈的掌声。

还有这样一则寓言：

两只青蛙在觅食中，不小心掉进了路边一只牛奶罐里，牛奶罐里还有为数不多的牛奶，但是足以让青蛙们体验到什么叫灭顶之灾。

一只青蛙想：完了，全完了，这么高的一只牛奶罐啊，我是永远也出不去了，于是，它很快就沉了下去。

另一只青蛙在看见同伴沉没于牛奶中时，并没有沮丧，而是不断告诫自己："上帝给了我坚强的意志和发达的肌肉，我一定能够跳出去。"它每时每刻都在鼓起勇气，鼓足力量，一次又一次奋起、跳跃……

不知过了多久，它突然发现脚下黏稠的牛奶变得坚实起来。原来，它的反复践踏和跳动，已经把液状的牛奶变成了奶酪！不懈地奋斗和挣扎终于换来了自由的那一刻。它从牛奶罐里轻松地跳了出来，重新回到绿色的池塘里，而那一只沉没的青蛙就留在了那块奶酪里，它做梦都没有想到会有机会逃出险境。

因此，你应明白：失败是一个过程，而非一个结果；是一个阶段，而非全部。正在经历的失败，是一个"尚在经受考验"的过程。

## 最糟糕的遭遇有时只是美好的转折

失败是成功之母，这是我们从小就知道的格言，可是，当你把它运用到自己身上的时候，发现还是很困难的。从失败的惨痛中走出来重整旗鼓并不是件容易的事情。有这个勇气固然很好，但是仅凭着勇气，并不能够轻易地就扭转局面。因为更为重要的是冷静客观地分析原因，汲取失败的教训才能取得进步。

如今，市场经济风云莫测、信息瞬息万变，竞争非常激烈，人们常常用"商场如战场"来形容这种没有硝烟的战争。世上没有常胜的将军，能够从失败中汲取教训的人往往能够得到人们的青睐。

一家公司正在招聘销售主管，前来应聘的人很多，经过了层层淘汰，最终剩下三个年轻人在角逐这个职位。当然，他们三个人是不知情的。最后一轮中，主考官分别告诉他们说："对不起，您在面试中没有达到我们的要求，所以你不能被录用。"这三个人听到后，都走出了这家公司。这时候，有个满头华发的老人过来问："你们三个人怎么看着都有心事，在想什么呢？"

一个年轻人非常懊恼地说："我今天很倒霉，应聘又被刷下来了。"

另一个人急急忙忙地说："我着急要去再找应聘信息呢，对不起，我要赶紧走了。"

第三个人则是若有所思地说："我在考虑他们为什么不录用我？我到底哪个环节表现的不佳呢？"

这个老者哈哈大笑，指着第三个人说："年轻人，你被我们录用了。"这时，这三个年轻人才知道这个老者就是公司的董事长。

故事中，最后的面试问题就是看应聘者面对失败的表现。第一个是一味地沉浸在失败的烦恼中；第二个对失败的原因不加分析、考虑，就盲目地再去求职；而第三个人则是冷静地在思考失败的原因，而这种应对失败的品质恰恰是这家公司非常看重的品质。

三个人在经历了同样的失败后，对待失败的态度存在的差异，也就决定了他们今后面对困难、挑战的信心、智慧。一个人意志坚强的人往往能够看得更远、站得更高，让自己的人生释放出夺目的光彩。

要善于让自己迎接挑战，只有在能够激发斗志的环境状况中，你才能够焕发出奋斗的热情和动力，挖掘出蕴涵在生命之中的潜力，开创出属于自己的一片广阔天地来。

一个小姑娘看到别人溜冰很潇洒，自己也想学，可是又害怕摔倒的疼痛。在刚开始学的时候，她就小心翼翼、战战兢兢的，不敢迈出步子去学，只能扶着墙试探着往前走。但是，还是会摔倒，她就痛恨自己还没有学会溜冰，就已经摔倒这么多次了。这时，教练轻盈地滑过来，看着教练优美的姿势，她很是羡慕，问教练溜冰的秘诀。

教练告诉她，没有秘诀可言，唯一的秘诀就是你每次摔倒后都要考虑这次失败的原因。如果用这种方法训练，你自己能够很快就学会了。小姑娘自然是将信将疑，但是她还是尝试着按照教练的方法去做，在一次次地摔倒中她都在思考原因，果然思考之后，发现动作的协调、步伐的掌握的确有了很大的进步。不到五十下的时候，她已经行动自如了。当初学者再问她溜冰秘诀的时候，她也将教练的秘诀告诉给别人。

迎接失败的挑战过程固然艰辛，但是，正是这种过程，才能够让你痛定思痛，深刻地反思自己、审视自己，才能厚积薄发。你在经历了奋斗的过程后，会发现阳光总在风雨后，经历了风雨的洗礼后，挂在天空的彩虹才更加美丽。

我们要坚信我们现在的不如意、逆境、挫折乃至苦难都是你的财富！古今中外，凡成就大事业者，无一不是从苦难中走出来的。在逆境中，我们会经受各种考验与锤炼，百炼成钢，成就我们非凡的意志品质和能力，"苦其心志，饿其体肤，空乏其身，劳其筋骨，增益其所不能"。逆境并不可怕，可怕的是你把它看成结局而不是过程。在这个过程中，我们去接受苦难并跨越它，等待我们的是美好的将来。

## 苦难，是上帝给你的挑战

从小，他就有从大学中文系到职业作家的绚丽规划，然而，命运和他开了一个玩笑。

1955 年，他的哥哥要考师范了，但是，父亲靠卖树的微薄收入根本无法供兄弟俩一起读书，父亲只好让年幼的他先休学一年，让哥哥考上师范后他再去读书。看着一向坚强、不对着子女哭穷的父亲如此说，他立刻决定休学一年。不过，就是这停滞的一年，他和哥哥的命运，一个天上，一个地下。1962 年，他 20 岁时高中毕业。"大跃进"造成的大饥荒和经济严重困难迫使高等学校大大减少了招生名额。1961 年这个学校有 50% 的学生考取了大学，仅一年之隔，四个班考上大学的人数却成了个位数。结果，成绩在班上排前三名的他名落孙山。

高考结束后他经历了青春岁月中最痛苦的两个月，几十个日夜的惶恐紧张等来的是一个不被录取的通知书，所有的理想、前途和未来在瞬间崩塌。他只盯着头顶的那一小块天空，天空飘来一片乌云，他的世界便黯淡了。他不知所措，六神无主，记不清多少个深夜，他从用烂木头搭成的临时床上惊叫着跌到床下。

沉默寡言的父亲开始担心儿子"考不上大学，再弄上精神病怎么办？"就问他："你知道水怎么流出大山的吗？"他茫然地摇摇头。父亲缓缓说道："水遇到大山，碰撞一次后，不能把它冲垮，不能越过它，就学会转变，绕道而行，借势取经。记住，困难的旁边就是出路，是机遇，是希望！"父亲又说，"即便流动过程中遇见了深潭，即便暂时遇到了困境，只要我们不忘流淌，不断积蓄活水，就一定能够找到出口，柳暗花明。"

一语惊醒梦中人。

1962年，他在西安郊区毛西公社将村小学任教；1964年，他在西安郊区毛西公社农业中学任教。后来，又历任文化馆副馆长、馆长。1982年，他终于流出大山，进入陕西省作家协会工作。1992年，正是这40年农村生活的积累，使他写出了大气磅礴、颇具史诗感的《白鹿原》。

他就是陈忠实。

后来有人问他："怎么面对困难与挫折？"老先生总淡淡地说："像水一样流淌。"

像水一样流淌，这是岁月积淀的智慧。遇见困难，努力了，无法消灭它，不如像流水一样，在大山旁边寻找较低处突围，依山而行。只要我们不忘努力，不断奔突，也一样能够走出困境，到达远方，实现梦想。

挫折难免，既不可悲，也不可怕。可悲、可怕的是在挫折面前不及时总结经验教训，或者被挫折吓破了胆，打退堂鼓，"一朝被蛇咬，十年怕井绳"；或者麻木不仁，不当回事，依然故我。还有一种情况是固执己见，强调客观，怨天尤人。这几种态度都不能从挫折中吸收应有的经验教训，必定会一而再、再而三地犯同样的错误，在同样的问题上反复失败。这样，如果不认真转变态度，根本谈不上反败为胜，而只能是一个失败接着一个失败，一次挫折跟着一次挫折。

哲学家罗素说过："遇到不幸的威胁时，认真而仔细地考虑一下，最糟糕的情况可能是什么？正视这种不幸，找到充分的理由使自己相信，这毕竟不是那么可怕的灾难。这种理由总是存在的。因为在最坏的情况下，在个人身上发生的一切决不会重要到影响世界的程度。"

所以，当我们遇到挫折时，要坚持面对最坏的可能性，满怀着信心对自己说："不管怎样，这没有太大的关系。"然后理智地评估形势，选择下一步的做法，这样，你就能在挫折中得到最好的结果。

张璨出身军人家庭，她不是军人却胜似军人，过往的一切稚嫩、挫折、困境以及无奈，在张璨身上似乎已成了过眼烟云，洗礼后留下的烙印是一个理性的企业家，一个拥有精彩生命的女子，且将精彩延续下去的女子，不是吗？

作为当今中国最具影响力的十大女富豪之一，张璨的成功自有她的特别之处。一个外形柔美的女性，统领着一个在信息技术、生物与健康和房地产三大领域进行投资与经营的大型民营高科技企业。张璨始终坚持说，她只是一个普通的女人，如果说自己有什么区别于常人的话，那就是她更努力、更执著、更积极，她始终充满自信。

见过张璨的人一定都会惊讶：这位年轻、美丽，脸上带着一股学生气的女士，竟会拥有如此令人羡慕的财富：自己的大厦、多家分公司，以及上亿美元的净资产……挫折造就阳光之路。

1982 年，张璨考进了北京大学，就读于国际政治系。在大学里，张璨是个活跃分子。1984 年，在北京大学举行的第一届大学生演讲大赛中，张璨以《我与中华同崛起》为题，获得了第一名。当时 20 岁的张璨还当上了北大学生会文化部的副部长。那时，她的梦想是当一名出色的外交官，一名女大使。

但是，在大三的时候，张璨却被告知，她的学籍被注销了，原因是三年前张璨曾考上了某大学，但她没有去报到，第二年又考上了北大。按当时的规定，有学不上的考生必须停考一年。这件事对张璨打击挺大的，在学校里，同学们都对她说："你去散散心吧。"她们怕她想不通会做傻事。

"这件事至少让我懂得了一个道理，"张璨说，"就是遇到什么事都不能哭，遇到什么问题都要想尽办法去解决。"

张璨暗暗对自己说："一定要坚强，一定要坚定，一定要比别的北大同学读更多的书。"

1986 年 7 月，同学们毕业了，很多人被分到国家机关当干部，让张璨很是羡慕。她自己也完成了学业，却因没有文凭，只得到一纸说明，大意是说她被注销了学籍，但坚持上课，成绩合格，学校不管她的分配。在张璨的毕业纪念册上，同学们给她留下这样一句赠语："与众不同的经历，造就与众不同的道路。"

工作没有着落，张璨一离开校门就开始在中关村到处找工作。她鼓励自己说：没有工作也许会更有前途，因为自己面对的机会更多。

1992 年，她的公司刚刚起步，而她们家四位老人纷纷患癌症住院，她的母亲和婆婆去世的时间只相差九天。除了创业的艰辛，张璨同样有着不为常人所知的甚至难以置信的挫折。"面对这些，我只能逼着自己熬过去。其实我是个普普通通、会退缩会懦弱的人，可是当这些事摆在面前的时候，怕也没用，只有坚持……"失败在张璨眼里只是人生必经的坎儿。抱着这样的思想，她成功了。

许多人面对挫折时总是悲观失望，委靡不振，对自己的前程心灰意冷，失去了向上的信心。其实，他们不知道，挫折对于人生来说是一个良好的开端。

"风筝与强风对抗，方能升向高峰。"这是张璨贴在她办公桌面上的一句自己的"名言"。

一开始就要认清这两点：要成功并不容易。想要获得成功的人得像风筝，与强风对抗，方能升向高峰。基于成功的信念，便能坚定向前，无惧于沿途所遭逢的困难。

确定你的信念能支持你，在迈向成功的旅程中，忍受一切艰难险阻。当你确知自己在做什么，当你有个明确的目标和实施计划，你与周遭的狂风搏斗时，就不至于有被吹垮的顾虑。风势愈强，你会飞得愈高。

一位哲人说：并非每一次不幸都是灾难，逆境有时候通常是一种幸运。

挫折是一个人的炼金石。面对挫折，跌倒了站起来便能成就更好的自己；硬是在地上赖着，自怨自怜悲叹不已的人，注定只能继续哭泣。

挫折是人生的原色。人类的成长，通常是由许多的挫折组成的。就如口香糖广告所说："幻灭是成长的开始。"

奥斯特洛夫斯基说得好："人的生命似洪水在奔腾，不遇着岛屿和暗礁，难以激起美丽的浪花。"

乌云有时会遮住太阳，但是总有一天会拨云见日的。不管你愿不愿意，人生都是没有直达目标的坦途的，挫折就像影子一样，总是伴随着你。有位哲人说：没有磨难的人生是空白的人生。没有倒下就没有跃起，没有失败就难言成功，也不可能具备百折不挠的坚忍。大凡成功的人都有着一种承受生活变故的能力，他们性格上更加坚强不屈，意志更加坚定，更有韧性。

面对挫折，有的人害怕它；面对挫折，有的人躲避它；面对挫折，也有的人会克服它。害怕它的人失败了，成功成为水中月、镜中花；躲避它的人麻木了，意志消沉；而克服了挫折的人却取得了成功，收获了幸福。

## 强者不是拿到一手好牌，而是打好一手坏牌

其实每个人都有失意的时候，比如经济窘迫、错失爱情、事业不顺等，面对失意，强者以一颗自强不息的心不断进取，奋力前行，在没有拿到一手好牌的时候，尽可能地将手里的坏牌打到最好。弱

者就是面对一张薄纸，也不愿伸手戳破，去达到自己的目的。

有一个农民，只上了几年学，家里就没钱继续供他上学了。他辍学回家，帮父亲耕种二亩薄田。在他 18 岁时，父亲去世了，家庭的重担全部压在了他的肩上。他要照顾身体不佳的母亲，还有瘫痪在床的祖母。

改革开放后，农田承包到户。他把一块水洼挖成池塘，想用来养鱼。但村里的干部告诉他，水田不能养鱼，只能种庄稼，他只好又把水塘填平。这件事成了一个笑话，在别人看来，他是一个想发财但又非常愚蠢的人。

听说养鸡能赚钱，他向亲戚借了 300 元钱，养起了鸡。但是一场大雨后，鸡得了鸡瘟，几天内全部死光。300 元对别人来说可能不算什么，对一个只靠二亩薄田生活的家庭而言，可谓天文数字。他的母亲受不了这个刺激，忧劳成疾而死。

他后来酿过酒，捕过鱼，甚至还在石矿的悬崖上帮人打过炮眼……可都没有赚到钱。

36 岁的时候，他还没有娶到媳妇。即使是离异的有孩子的女人也看不上他，因为他只有一间土屋，随时有可能在一场大雨后倒塌。娶不上老婆的男人，在农村是没有人看得起的。

但他还是没有放弃，不久他就四处借钱买一辆手扶拖拉机。不料，上路不到半个月，这辆拖拉机就载着他冲入一条河里。他断了一条腿，成了瘸子。而那拖拉机，被人捞起来时，已经支离破碎，他只能拆开它，当做废铁卖。

几乎所有的人都说他这辈子完了。

但多年后他还是成了一家公司的老总，手中有一亿元的资产。现在，许多人都知道他苦难的过去和富有传奇色彩的创业经历。

许多媒体采访过他，许多报告文学描述过他。曾经有记者这样采访他：

记者问："在苦难的日子里，你凭借什么一次又一次毫不退缩？"

他坐在宽大豪华的老板台后面，喝完了手里的一杯水。然后，他把玻璃杯子握在手里，反问记者："如果我松手，这只杯子会怎样？"

记者说："摔在地上，碎了。"

"那我们试试看。"他说。

他手一松，杯子掉到地上发出清脆的声音，但并没有破碎，而是完好无损。他说："即使有 10 个人在场，他们都会认为这只杯子必碎无疑。但是，这只杯子不是普通的玻璃杯，而是用玻璃钢制作的。"

是啊！这样的人，即使只有一口气，他也会努力去拉住成功的手，除非上苍剥夺了他的生命……

这位成功者开始的境遇不但很坏，甚至可以说糟透了，但他硬是将原本悲惨的命运改变了。他依靠的是什么？就是在失意的时候，他从来没有放弃过，自强、自立使他一路风雨兼程，最终走向了成功。

面对挫折，只有自强者才能战胜困难、超越自我。如果一味地想着等待别人来帮忙，只能落得失败的下场。凭着自己的努力可以解决任何问题，永远可以依赖的人只有自己！

相信大家都听过"自甘堕落""自暴自弃""破罐子破摔"诸如此类的话，这些都是在描述一个人有不好的境遇，然后自我放弃，结果把自己推向失败颓废的人生境地。

仔细想想，每一个人，都难免会犯以上的错误，只不过是程度轻重的差别。无怪乎有句话形容"自己才是自己最大的敌人"，因为我们总是不断地放弃一些本该坚持的东西。

有一个女孩子穿着干净的鞋子，踮着脚尖小心翼翼地走在泥泞的路上，为了保持鞋子干净，她走走停停，特意挑比较高和硬的地面。可是一不小心，她还是踩到了烂泥里，干净的鞋子霎时脏了一大片。她懊恼极了，于是便不管不顾，两只鞋随意踩在泥路上，走得非常快。

这种场景是不是也曾经发生在我们身上？既然脏了，那么就让它更脏好了；既然坏了，那么就毁了它……心理学家指出，其实，在我们每一个人的内心深处，多少都隐藏了一些"自毁"的倾向，这种内在情绪的冲动常常会驱使一个人做出不利于自己发展的事情。譬如，有人整天絮絮叨叨，看什么事都不顺眼，动不动就抱怨这个、抱怨那个，好像所有的人都做了对不起他的事；还有的人，生活漫无目标，整日无所事事，只会嫉妒别人的成就，自怨自艾，认为任何好运气都不会落在自己的头上。此外，还有的人嗜酒如命、好赌成性、饮食不知节制、消费成癖、纵情声色，等等，这些都是自毁行为。

面对人生中的失意，人们往往有两种选择：悲观的人整天长吁短叹，认为自己无可救药，就此颓废不振，结果人生变得更加暗淡；乐观的人一笑置之，从头开始，坚持不懈，生活越来越精彩。事实上，人生成败完全取决于自己的内心。

## 成功者绝不放弃，放弃者绝不会成功

一位生物学家和一位心理学家在一起讨论"信心和勇气"这个话题，生物学家做了一个实验给心理学家看：

他给一个很大的鱼缸放上水，然后用一块干净的玻璃板把鱼缸隔成了两半，一半放上一条已经饿了好几天的食肉大鱼，另一半则放上大鱼最爱吃的数条小鱼。刚开始，饥肠辘辘的大鱼两眼放光，拼命冲击着小鱼所在的区域，可是一次又一次的碰壁之后，它的速度和冲击力都明显地减弱了。一刻钟之后，撞得鼻青脸肿的大鱼停止了攻击，失望地伏在缸底呼呼喘气。这时，生物学家轻轻地抽掉了那块玻璃板，让小鱼可以自由自在地游到大鱼嘴边去。结果，对于近在咫尺的美食，食肉大鱼居然无动于衷，只敢看不敢吃！很显然，是多次的失败经历把大鱼吓住了。

"在动物界，大鱼吃小鱼本是天经地义，当然也是轻而易举。可是这条大鱼却害怕起自己的手下败将来，这不得不说是它的悲哀啊！"生物学家叹道。

"再相信自己一次你就可以吃到美味了！"心理学家对着麻木的食肉大鱼说道，尔后又转过身来，"看来，哪怕失败999次，我们也必须第1000次地站起来，因为很可能，这一次就是捅破窗户纸的时候。"

"由此可见，因为一次两次的失败便放弃努力，有时会留下很多遗憾！"生物学家总结说，"我们应该记住这句话：无论何时，都要再试一次。"

很多时候，我们自认为"不走运"，于是伴随我们的可能是消极抑郁、悲观绝望情绪。"假如生活欺骗了你"，事情的结局太出乎我们预料，对自己打击太大，不妨反复吟诵"牢骚太盛防肠断，风物长宜放眼量"的佳句，笃信"乐极生悲""苦尽甘来"的哲理，不要忧愁、不要悲伤、不要心急，更不要凄凄惨惨。

应该知道，世界上有许多事情，是没法尽如我们心意的。同时，我们个人的力量，也是有一定限度的，不要把这些不尽如人意的事情变成我们的困扰，学会把它们当成人生道路上必须跨越的沟沟坎坎。

在这个世界上，有阳光，就必定有乌云；有晴天，就必定有风雨。从乌云中解脱出来的阳光比从前更加灿烂，经历过风雨的天空才能绽放出美丽的彩虹。人们都希望自己的生活中能够多一些快乐，少一些痛苦，多些顺利，少些挫折。可是命运却似乎总爱捉弄人、折磨人，总是给人以更多的失落、痛苦和挫折。此时，我们要知道，困境和挫折也不一定会是坏事。它可能使我们的思想更清醒，更深刻，更成熟，更完美。

我们常说要有一颗平常心，其实平常心就在于选准自己的道路，然后持之以恒地走下去。选择自己的道路，可以凭自己的兴趣，或所学习的专业去选择，也可以在工作中、生活中去发现适合自己的道路。

别人的路不是自己的路，自己去走了，就有了自己的路。面对一些坎坷不要退缩，不要气馁，一次两次走不过去也不要紧，要记住，大不了，我们可以从头再来。

莎士比亚曾说过："如果我们的心预备好了，所有的事都成了。"心有所思，行迹随之，活出自己是值得的，只要你有梦想，行动就一定能够实现。

但人生的路，并非一马平川，在面对各种挑战时，也许失败的原因不是因为你势力单薄，不是因为你没有把整个局势分析透彻，反而是把困难看得太清楚，分析得太透彻，考虑得太周密，才会被困难吓倒，举步维艰，甚至停滞不前，倒是那些没把困难看清的人，更能勇往直前。

人生就是持续不断地向自己发出闪电般的挑战，只有永不言弃的人，才能最终到达成功的彼岸，其实成功与失败只差一点点，只要站起来的次数比倒下去的次数多一次，那就是成功。

永不言弃，否则对不起自己，世界上一切的成功，一切的财富都始于一个信念！始于我们心中的梦想，不管别人说什么，你都不要轻言放弃，你要坚信，世界上没有什么能保证，只要我们有梦想，就一定会实现的。

让我们迈着坚定的脚步，用心去耕耘执着的追求，从而创造出属于自己的明天；用力去攀登每一级新的阶梯，从而将山顶变成足下的风景；用能耐和毅力走自己认准的路，不能轻言放弃，为了至爱的亲人，为了期待的眼神，应该踏着奋斗的脚步充满希望起航，尽管前方有太多迷惘，有太多的艰辛，毅然选择前行。

成功属于永不服输的人，正是因为成功的人在困难和屈辱面前不服输，才造就一个又一个震惊世界的辉煌。

第十章

每一个不曾起舞的日子，
都是对生命的辜负

## 想要什么样的生活，就要站在什么样的高度

一个人的心态在某种程度上取决于自己对自己的评价，这种评价有一个通俗的名词—定位。在心中你给自己定位什么，你就是什么，因为定位能决定人生，定位能改变人生。

条条大路通罗马，但你只能选择一条。人生亦如此，成功的路有很多条，但你需要做的是选择最适合自己的那一条路，然后坚定不移地走下去。

一个人怎样给自己定位，将决定其一生成就的大小。志在顶峰的人不会落在平地，甘心做奴隶的人永远也不会成为主人。

你可以长时间卖力工作、创意十足、聪明睿智、才华横溢、屡有洞见，甚至好运连连，可是，如果你无法在创造过程中给自己正确定位，不知道自己的方向是什么，一切都会徒劳无功。

所以说，你给自己定位是什么，你就是什么，定位能改变人生。

汽车大王福特从小就在头脑中构想能够在路上行走的机器，用来代替牲口和人力，而全家人都要他在农场做助手，但福特坚信自己可以成为一名机械师。于是他用一年的时间完成了别人要三年才能完成的机械师培训，随后他花两年多时间研究蒸汽机，试图实现自己的梦想，但没有成功。随后他又投入到汽油机研究上来，每天都梦想制造一部汽车。他的创意被发明家爱迪生所赏识，邀请他到底特律公司担任工程师。经过十年努力，他成功地制造了第一部汽车引擎。福特的成功，完全归功于他的正确定位

和不懈努力。

迈克尔在从商以前，曾是一家酒店的服务生，替客人搬行李、擦车。有一天，一辆豪华的劳斯莱斯轿车停在酒店门口，车主吩咐道："把车洗洗。"迈克尔那时刚刚中学毕业，从未见过这么漂亮的车子，不免有几分惊喜。他边洗边欣赏这辆车，擦完后，忍不住拉开车门，想上去享受一番。这时，正巧领班走了出来。"你在干什么？"领班训斥道，"你不知道自己的身份和地位吗？你这种人一辈子也不配坐劳斯莱斯！"受辱的迈克尔从此发誓："我不但要坐上劳斯莱斯，还要拥有自己的劳斯莱斯！"这成了他人生的奋斗目标。

许多年以后，当他事业有成时，就为自己买了一部劳斯莱斯轿车。如果迈克尔也像领班一样认定自己的命运，那么，也许今天他还在替人擦车、搬行李，最多做一个领班。人生的目标对一个人是何等重要啊！

在现实中，总有这样一些人：他们或因受宿命论的影响，凡事听天由命；或因性格懦弱，习惯依赖他人；或因责任心太差，不敢承担责任；或因惰性太强，好逸恶劳；或因缺乏理想，混日为生……总之，他们做事低调，遇事逃避，不敢为人之先，不敢转变思路，而被一种消极心态所支配，甚至走向极端。

也许，成功的含义对每个人都有所不同，但无论你怎样看待成功，你必须有自己的定位。

## 只看得到饭碗，你就永远别想找到舞台

定位不仅能改变你的目标，更能改变你对人生的看法，对生活的态度。把自己的定位再提高一些，你将收获别样的人生。

　　生活中的你一定不能因为暂时的困境而萎靡不振，你需要在困顿中明确自己的定位，因为定位不仅能改变你的人生目标，更能改变你对人生的看法和对生活的态度。把你的定位再提高一些，你的人生就会有所不同。

　　很多时候，我们有一番雄心壮志时，就习惯性地告诉自己："算了吧。我想的未免也太迂了，我只有一个小锅，煮不了大鱼。"我们甚至会进一步找借口来劝退自己："更何况，如果这真是个好主意，别人一定早就想过了。我的胃口没有那么大，还是挑容易一点的事情做就行了，别累坏了自己。"

　　戴高乐说："眼睛所到之处，是成功到达的地方，唯有伟大的人才能成就伟大的事，他们之所以伟大，是因为决心要做出伟大的事。"教田径的老师会告诉你："跳远的时候，眼睛要看着远处，你才会跳得更远。"

　　一个人要想成就一番大的事业，必须树立远大的理想和抱负，有广阔的视野，不追求一朝一夕的成功，耐得住寂寞和清贫，按照既定的目标，始终坚持下去，到最后，他一定会获得成功。

　　有一次，任国的公子决心要钓一条大鱼，他做了一个特大的钩，用很粗的黑丝绳做钓线，用一头牛做钓饵。一切准备就绪后，他蹲在会稽山上，开始了等待。整整一年过去了，他却一条鱼也没有钓到。但他并不泄气，每天照旧耐心地等待。

终于有一天，一条大鱼吞了他的鱼饵，大鱼很快牵着鱼线沉入水底。过了不大一会儿，又摆脊蹿出水面。几天几夜后，大鱼停止了挣扎，他把大鱼切成许多块，让南岭以北的许多人都尝到了大鱼的肉。

那些成天在小沟小河旁边，眼睛只看见小鱼小虾的人，怎么也想不通他是如何钓到大鱼的……

有一句话这样说："取乎上，得其中；取乎中，得其下。"就是说，假如目标定得很高，取乎上，往往会得其中；而当你把定位定得很一般，很容易完成，取乎中，就只能得其下了。由此，我们不妨把自己的定位定得高一些，因为意愿所产生的力量更容易让人在每天清晨醒来时，不再迷恋自己的床榻，而是抱着十足的信心和动力去面对新的挑战。

## 内心强大，你的世界就光芒万丈

潜能无时无刻不在，你的心态将是决定潜能发挥与否的一大关键因素，只要你保持积极心态，就能激发自己的无限潜能。

无数成功人士的奋斗历程已经验证：成功是由那些抱有积极心态的人所取得的，并由那些以积极的心态努力不懈的人所保持。拥有积极的心态，即使遭遇困难，也可以获得帮助，事事顺心。

生命本身是短暂的，但是为什么有的人过得丰富多彩，充满朝气和进取精神，有的人却生活得枯燥无味，没有一点生机和活力？生活也许是一支笛、一面锣，吹之有声，敲之有音，全看你是不是积极去吹去敲，去创造自己生活的节奏和旋律。

有人说："我不会吹、不会敲怎么办？"积极的人会告诉你："不吹白不吹，不敲白不敲，消极等待只能浪费生命。"是的，活在世上，何必等待，何必懒惰？等待等于自杀，懒惰也并不能延长生命一分一秒。

从前，有一群青蛙组织了一场攀爬比赛，比赛的终点是：一个非常高的铁塔的塔顶。其他一大群青蛙围着铁塔看比赛，给它们加油。

比赛开始了。

老实说，群蛙中没有谁相信这些小小的青蛙会到达塔顶，他们都在议论：

"这太难了！！它们肯定到不了塔顶！""他们绝不可能成功的，塔太高了！"

听到这些，一只接一只的青蛙开始泄气了，只有几只情绪高涨的还在往上爬。群蛙继续喊着："这太难了！！没有谁能爬上塔顶的！"

越来越多的青蛙累坏了，退出了比赛。但，有一只却越爬越高，一点没有放弃的意思。

最后，其他所有的青蛙都退出了比赛，除了一只，它费了很大的劲，终于成为唯一一只到达塔顶的胜利者。

很自然地，其他所有的青蛙都想知道它是怎么成功的。有一只青蛙跑上前去问那只胜利者，它哪来那么大的力气爬完全程？

它发现：这只青蛙是聋子！

永远不要听信那些习惯消极悲观看问题的人，保持积极乐观的心态。总是记住你听到的充满力量的话语，因为所有你听到的或读到的话语都会影响你的行为。

拥有积极的心态，是一个成功者必备的素质。积极的心态，能够使人上进，能够激发人潜在的力量。

## 在天赋优势的轨道上，才能够加速

敢于死中求活，才能绝处逢生。改变生活的宽度与深度，我们也能创造源源不绝的生命动力。

大文豪歌德说过："生活在理想中的世界，就是要把不可能的东西当作仿佛可行的东西来对待。"话说得很中肯，人的生命对于茫茫宇宙就宛如大海中的一叶孤舟，渺小、脆弱。可是生命的潜能永远没有极限，要想在这个世界上取得成功，就必须开发自己的生命潜能。

腔棘鱼又称"空棘鱼"，由于脊柱中空而得名，是目前世界上十分罕见的鱼类，由于科学家在白垩纪之后的地层中找不到它的踪影，因此认为这个登陆英雄已经告别了世间，全部灭绝了。1938 年在南非，科学家却发现了一条腔棘鱼，这个史前鱼种还活着！在距今 4 亿年前的泥盆纪时代，腔棘鱼的祖先凭借强壮的鳍，爬上了陆地。经过一段时间的挣扎，其中的一支越来越适应陆地生活，成为真正的四足动物；而另一支在陆地上屡受挫折，又重新返回大海，并在海洋中寻找到一个安静的角落，与陆地彻底告别了。

这个安静的角落就是 1 万多米深的海底。众所周知，人类入海比登天还要难。首先是巨大的压力：水深每增加 10 米，压力就要增加 1 个大气压。在 1 万多米深的海底，压力将高达 1000 个大气压，别说人的血肉之躯，就是普通的钢铁构件也会被压得粉碎。

还有海底的恶劣环境，黑暗、寒冷！太阳光进入海中很快被吸收，水深 10 米处的光能只及海洋表面的 18%，100 米深处则只有 1% 了。光线稀少，热量自然难留，水下的寒冷、黑暗可想而知。

然而，腔棘鱼通常生活在非常深的海底，并把自己隐藏在海底礁石的洞穴里。在恶劣的海底世界里，它们以生存为目标，不断给自己施加压力，学会与压力共处，在自己的历史空间里痛并快乐地生存着，超乎想象地存在了 4 亿年！

科学家研究发现，人类的潜能平均开发程度只有 10% 左右。可见，人类还有绝大部分的潜力没有得到有效的利用，一旦这些潜能得到开发，人类所能爆发的能力一定是惊人的。

生命的潜能是无穷的，承受得了难以想象的困难和压力。只有承受住压力的生命，才能真正开发出自己的潜能，显现出自己的美丽。能负重前行的人，才会拥有多姿多彩的人生。

## 心中只要有光，就不惧怕黑暗

孔子曰："岁寒，然后知松柏之后凋也。"

你曾经被你的语文老师要求抄写生字 10 遍吗？你曾经被你的体育老师要求跑 1000 米吗？你曾经被你的上司训话吗？你曾经被你的顾客抢白而无言以对吗……生活中的折磨无处不在，那你是怨天尤人，忧虑度日；还是面对折磨，更加奋勇前进？这取决于你的选择。记住，你的选择会决定你的命运。

把折磨当成自己前进的动力，使自己经受折磨的雕琢，最终走向成功，才是你最明智的选择。

美国的一所大学进行了一个很有意思的实验。实验人员用很多铁圈将一个小南瓜整个箍住，以观察它逐渐长大时，能抵抗多大的压力。起初实验者估计南瓜最多能够承受 400 磅（约 181 千克）的压力。

在实验的第一个月，南瓜就承受了 400 磅的压力，实验到第二个月时，这个南瓜承受了 1000 磅（约 454 千克）的压力。当它承受到 2100 磅（约 1089 千克）的压力时，研究人员开始对铁圈进行加固，以免南瓜将铁圈撑开。

当研究结束时，整个南瓜承受了超过 4000 磅（约 1814 千克）的压力，到这时，瓜皮才因为巨大的反作用力产生破裂。

研究人员取下铁圈，费了很大的力气才打开南瓜。它已经无法食用，因为试图突破重重铁圈的压迫，南瓜中间充满了坚韧牢固的层层纤维。为了吸收充足的养分，以便于提供向外膨胀的力量，南瓜的根系总长甚至超过了8万英尺（约2438千米），所有的根不断地往各个方向伸展，几乎穿透了整个实验田的每一寸土壤。

南瓜因为外界的压力而变得更加苗壮，人生也是如此。许多时候我们夸大了那些加在我们身上的折磨的力量，其实生命还可以承受更大的压力，因为只要你想，你就能开发出更加惊人的潜能。

在多难而漫长的人生路上，我们需要一颗健康的心，需要绚烂的笑容。苦难是一所没有人愿意上的大学，但从那里毕业的，都是强者。

## 潜能是一个"吹不爆"的气球

拥有潜能，你首先要保护自己的潜能，再充分发挥潜能，才会有成功的机会。

在生活中，很多人都拥有优于其他人的潜能，但是，这些人却不会保护自己的潜能，导致许多人最后终其一生都没将潜能发挥出来，平庸度日。

要想成功，一个人必须注意不要让别人拿走你的潜能。

在遥远的国度里，住着一窝奇特的蚂蚁，它们有预知风雨的能力。而最近蚂蚁们清楚地知道，有巨大的暴风雨正逐渐逼近，整窝蚂蚁全部动员，往高处搬家。

这窝蚂蚁之所以奇特，不在于它们预知气候变化的能力，许多其他动物也具备这样的天赋。它们的特别之处是整窝蚂蚁都只有五只脚，并不像一般蚂蚁长有六只脚。

由于它们只有五只脚，行动也就没有一般蚂蚁快捷，整个搬家的行动缓慢。虽然面对暴风雨来袭的沉重压力，每只蚂蚁心中都焦急不堪，行动却半点也快不了。

在漫长的搬家队伍中，有一只蚂蚁与众不同，它的行动快速，不停地往返高地与蚁窝之间，来回一趟又一趟，仿佛不知劳累，辛苦地尽力抢搬蚁窝中的东西。

这只勤快的蚂蚁引起了五脚蚂蚁群的注意，它们仔细观察它的动作，终于找出这只蚂蚁动作如此敏捷的关键，它竟然有六只脚！

五脚蚂蚁的搬家队伍整个暂停下来，它们偷偷聚在一起，窃窃私语，讨论这只与它们长得不同，行动却快过它们数倍的六脚蚂蚁。

经过冗长的讨论后，五脚蚂蚁们终于达成共识。它们扑上前去，抓住那只六脚蚂蚁，一阵撕咬过后，将它那多出来的一只脚扯了下来。

行动迅速的那只蚂蚁被扯去一只脚，也变成了平凡的五脚蚂蚁，在搬家的行列中，迟缓地跟随大家移动。

五脚蚂蚁们很高兴它们能除去一个异类，增加一个同伴，这时，雷声已在不远处隆隆地响起。

常常在我们接触到一个新的机会，有了一个好的创意，或是工作取得进步时，五脚蚂蚁群便会适时出现。他们会告诉你，你得到的机会是陷阱，你的好创意是行不通的，或是提醒你，工作勤奋不一定会有好的报偿。无所不用其极的目的，是想扯去你比他们多出来的脚。

尤其是当你正确地运用出你的潜能时，周围类似五脚蚂蚁般的消极意识更会增加，各式各样不可能的思想蜂拥而至，企图要你放弃他们所不懂的潜能，让你成为平庸的人。

在这个时候，你一定要很好地把握自己，用你自己的独立思想来保护自己多出来的那只"脚"。坚持你自己的想法，珍惜自己得到的机会，发挥自己独特的创意，更加勤奋地工作，加倍地发挥你自己最大的潜能。这样你才能在未来获得成功。

## 唤醒你的潜能，人生无所不能

任何时候都不要坐在那里等待，从现在起就开始行动，在行动中激发自己的潜能，说不定你就能创造奇迹！

生活中的你是否还在为命运不济而哀叹呢？如果是，那还是赶紧收起这些怨天尤人的论调吧！行动起来，在行动中激发自己的潜能，说不定你就能创造奇迹。

在美国颇负盛名、人称"传奇教练"的伍登，在全美 12 年的篮球年赛当中，帮助加州大学洛杉矶分校赢得了 10 次全美总冠军。如此辉煌的成绩，使伍登成为大家公认的有史以来最成功的篮球教练之一。

曾经有记者问他："伍登教练，请问你如何保持这种积极的心态？"

伍登很愉快地回答："每天我在睡觉以前，都会提起精神告诉自己：我今天的表现非常好，而且明天的表现会更好。"

"就只有这么简短的一句话吗？"记者有些不敢相信。

伍登坚定地回答："简短的一句话？这句话我可是坚持了 20 年！重点和简短与否没关系，关键是在于你有没有持续去做，如果无法持之以恒，就算是长篇大论也没有帮助。"

伍登的积极心态超乎常人，不单只是对篮球的执着，对于其他的生活细节也是保持这种精神。例如有一次他与朋友开车到市中心，面对拥挤的车流，朋友感到不满，继而频频抱怨，但伍登却欣喜地说："这里真是个热闹的城市。"

朋友好奇地问："为什么你的想法总是异于常人？"

伍登回答说："一点都不奇怪，我是用心里所想的事情来看待，不管是悲是喜，我的生活中永远都充满机会，这些机会的出现不会因为我的悲或喜而改变，只要不断地让自己保持积极的心态，一刻也不停地去行动，我就可以把握机会，激发更多的潜在力量。"

其实每个人都有伍登那样的潜力，但是大部分人都不能像伍登那样，时刻保持积极的心态去努力。如果每个人都能像伍登一样，那他也一定会是一个有才华的人，并且在行动中不断进步，创造奇迹的可能就会时刻存在。

## 不需要成为发光的别人，只需成为最好的自己

你可能不会成为世界上最好的，但你可以做最好的自己。只要做好了自己，你就能获得你想要的一切。

一位诗人说过："不可能每个人都当船长，必须有人来当水手，问题不在于你干什么，重要的是能够做一个最好的你。"把身边的工作做好，就是生活中的成功。

一大早，格尔就开着小型运货汽车来了，车后扬起一股尘土。

他卸下工具后就干起活儿来。格尔会刷油漆，也会修修补补，能干木匠活儿，也能干电工活儿，修理管道，整理花园。他会铺路，还会修理电视机。他是个心灵手巧的人。

格尔上了年纪，走起路来步子缓慢、沉重，头发理得短短的，

裤腿挽得很高，以便于给别人干活儿。

他的主人有几间草舍，其中有一间，格尔在夏天租用。每年春天格尔把自来水打开，到了冬天再关上。他把洗碗机安置好，把床架安置好，还整修了路边的牲口棚。

格尔摆弄起东西来就像雕刻家那样有权威，那种用自己的双手工作的人才有的权威。木料就是他的大理石，他的手指在上边摸来摸去，摸索什么，别人不太清楚。一位朋友认为这是他自己的问候方式，接近木头就像骑手接近马一样，安抚它，使它平静下来。而且，他的手指能"看到"眼睛看不到的东西。

有一天，格尔在路那头为邻居们盖了一个小垃圾棚。垃圾棚被隔成三间，每间放一个垃圾桶，棚子可以从上边打开，把垃圾袋放进去；也可以从前边打开，把垃圾桶挪出来。小棚子的每个盖子都很好使，门上的合页也安得严丝合缝。

格尔把垃圾棚漆成绿色，晾干。一位邻居走过去看一看，为这竟是一个人用手做的而不是在什么地方买的而感到惊异。邻居用手抚摸着光滑的油漆，心想，完工了。不料第二天，格尔带着一台机器又回来了。他把油漆磨毛了，不时地用手摸一摸。他说，他要再涂一层油漆。尽管照别人看来这已经够好了，但这不是格尔干活儿的方式。经他的手做出来的东西，看上去不像是手工做的。

在格尔的天地中，没有什么神秘的东西，因为那都是他在某个时候制作的，修理的，或者拆卸过的。保险盒、牲口棚、村舍全是出自格尔的手。

格尔的主人们从事着复杂的商业性工作。他们发行债券，签订合同。格尔不懂如何买卖证券，也不懂怎样办一家公司。但是当做这些事时，他们就去找格尔，或找像格尔这样的人。他们明白格尔所做的是实实在在的、很有价值的工作。

　　当一天结束的时候，格尔收拾工具，放进小卡车，然后把车开走了。他留下的是一股尘土，以及至少还有一个想不通的小伙伴。这个人纳闷儿，为什么格尔做得这样多，可得到的报酬却这样少。

　　然而，格尔又回来干活儿了，默默无语，独自一人，没有会议，也没有备忘录，只有自己的想法。他认为该干什么活儿就干什么活儿，自己的活儿自己干，也许这就是自由的一个很好的定义。

　　是的，如果你能心无旁骛，专心致志地做好自己的事，做最好的自己，你就能在不知不觉中超越众人，跨越平庸的鸿沟，在众人中脱颖而出。

　　做最好的自己，将自我潜能完全发挥出来，成功离你就不会遥远。

第十一章

世上所有的奇迹，闻起来

都是努力的味道

## 想成为什么样的人，就与什么样的人在一起

有句话说得好：近朱者赤，近墨者黑。要想成为什么样的人，你就要选择跟什么样的人在一起。你要变得积极，你就要找比你更积极的人在一起，你要永远寻找比你本身更好的环境。无论你是飞黄腾达，还是穷困潦倒，当你选择比你优秀的人在一起，在你落败时，他会帮你检讨总结，为你加油助威，失败是暂时的，成功是最终的必然；当你成功时，他会提醒你，重新给自己定位，人生的意义不仅在于超越别人，最重要的是要超越自己。

在很大程度上，一个人所处的环境决定着他的命运。古时候有"孟母三迁"的故事，就告诉我们这样一个道理：你没有办法在一个不成功的环境而成为成功的人，这是非常困难的。当然，可能性也存在，不过那时你也许已至古稀之年了。你想快一点成功，你就要加入一个成功的环境，结交成功人士。

一个人结交了卓越人士，便能见贤思齐；反之，若结交龌龊之徒，自己难免同流合污。一如前面所述，近朱者赤，近墨者黑。

与优秀的人交往总是会使自己也变得优秀。优秀的品格通过优秀的人的影响四处扩散。"我本是块普通的土地，只是我这里种植了玫瑰"，东方寓言中散发着浓郁芳香的土地说。

榜样是我们成长中的强大助力。与优秀的人交往，就会从中吸取营养，使自己得到长足的发展；相反，如果与恶人为伴，那么自己必定遭殃。社会中有一些受人爱戴、尊敬和崇拜的人，也

有一些被人瞧不起、人们唯恐避之不及的人。与品格高尚的人生活在一起，你会感到自己也在其中受到了升华，自己的心灵也被他们照亮。"与豺狼生活在一起，"一句西班牙谚语说，"你也将学会嗥叫。"

南朝宋时，有个叫吕僧珍的人，生性诚恳老实，又是饱学之士。吕僧珍的家教极严，他对每一个晚辈都耐心教导，严格要求，注意监督。吕僧珍家的好名声远近闻名。

南康郡守季雅为官清正耿直，秉公执法，从来不愿屈服于达官贵人的威胁利诱，为此他得罪了很多人，他也因此而被革了职。

季雅被罢官以后，一家人都只好从壮丽的大府第搬了出来。到哪里去住呢？季雅不愿随随便便地找个地方住下，他颇费了一番心思。

他从别人口中得知，吕僧珍家是一个君子之家，家风极好，不禁大喜。亲自考察，他发现吕家子弟个个温文尔雅，知书达理，果然名不虚传。说来也巧，吕家隔壁的人家要搬到别的地方去，打算把房子卖掉。季雅赶快去找这家要卖房子的主人，愿意出 1100 万钱的高价买房，那家人很是满意，二话不说就答应了。

于是季雅将家眷接来，就在这里住下了。

吕僧珍过来拜访这家新邻居。两人寒暄一番，谈了一会儿话，吕僧珍问季雅："先生买这幢宅院，花了多少钱呢？"季雅据实回答，吕僧珍很吃惊："据我所知，这处宅院已不算新了，也不很大，怎么价钱如此之高呢？"

季雅笑了，回答说："我这钱里面，100 万钱是用来买宅院的，1000 万钱是用来买您这位道德高尚、治家严谨的好邻居的啊！"

后来在吕僧珍的举荐下，朝廷又重新起用了季雅。季雅此举

　　与"孟母三迁"有异曲同工之妙。

　　"与善人居，如入芝兰之室，久而不闻其香，即与之化矣；与不善人居，如入鲍鱼之肆，久而不闻其臭，亦与之化矣。"

　　你和什么人在一起，五年以后就会成为什么样的人，要成功就要和成功的人在一起。其实这一亘古不变的定律早已存在，只是不为大多数人所重视而已。

　　"和你所知道的最好的人为伍。"我们来听听博恩·崔西的声音：不管在你的现实生活或是想象中，你习惯相处的那些人，会对你想成为理想人物的目标有着极大的影响力。

　　你身边优秀的人很多，各有所长，关键看你自己愿不愿意向别人学。成功者不仅可以教给你专业知识和人生经验，更重要的是他们会教你生活的办事方式和行为准则。这些经验，可以使你更加迅速成长、成熟起来，最终独当一面。

　　每个人在自己前进的路上最好要有人带领，尤其是刚入社会的新人，要有人引导、扶持，否则等你好不容易在摸爬滚打中弄明白自己该干什么时，原先与你同一起点的人早就跳了好几级了。自己的努力诚然重要，但是有个懂行的人引领你的话，你就能更快地进入状态而快速地增强自己的实力了。

　　大多数人起步相同，可是一两年之内差距就逐渐显现出来了。有些人可能慢慢积累经验、一步一步地增加自己的收入；而有些人却能够在短时间里赚取巨额财富，这不是仅仅靠好学、勤奋就能做到的，这需要过来人的帮忙。过来人知道秘诀，这些秘诀将会使你在最短的时间内获得最多的收益。

　　与那些比自己聪明、优秀和经验丰富的人交往，我们或多或少会受到感染和鼓舞，增加生活阅历。我们可以根据他们的生活状况改进自己的生活状况，成为他们智慧的伙伴。我们可以通过他们开阔视野，从他们的经历中受益，不仅可以从他们的成功中学到经验，而且可以从他们的教训中得到启发。如果他们比自己强大，我们可以从中得到力量。因此，与那些聪明而又精力充沛的人交往，总会对品格的形成产生有益的影响——增长自己的才干，提高分析和解决问题的能力，改进自己的目标，在日常事务中更加敏捷和老练。而且，也许对别人更有帮助。

成功者本身，便是指引我们成功的最佳教科书和指导员。

## 站在巨人的肩膀上超越

我们在学生时代就知道，如果想取得好成绩，就应该向学习成绩最优秀的同学看齐，向他们学习良好的方法与技巧。工作中也是如此，若想工作有所成就，事业有所突破，就要学习和借鉴行业的最优秀者的力量，寻找超越的机会。

李嘉诚就是一个积极向优于自己的人学习的人。李嘉诚是国内外知名的企业家，曾被评为亚洲最有影响力的人。他的和记黄埔集团是全球港口业最大的经营商，业务遍及 41 个国家。一般人只知道李嘉诚是一个能够在商场中纵横自如的超级富豪，然而很少人知道他事业的转折点竟是从做"间谍"开始的。

1957 年春天，李嘉诚为了了解塑胶花产品的生产工艺，登上了飞往意大利的班机去考察。他在一间小旅店安下身来，就迫不及待地去寻访那家在世界上开风气之先的塑胶公司的地址。经过两天的奔波，李嘉诚风尘仆仆地来到了该公司的门口，但他却一下子停了下来。

他知道任何一个厂家对于新产品的技术都是严格保密的。也许可以名正言顺地购买技术专利，然而，这样做的局限性也很大。一来，长江厂小本经营，绝对付不起昂贵的专利费；二来，厂家绝不会轻易出卖专利，它往往要在充分占领市场，赚得盆满钵满，直到准备淘汰这项技术时才肯出手。

情急之中，李嘉诚想到一个绝妙的办法。这家公司的塑胶厂正在招聘工人，他去报了名，被派往车间做打杂的工人。李嘉诚的主要工作是负责清除废品废料，他能够推着小车在厂区各个工段来回走动，双眼却恨不得把生产流程吞下去。收工后，李嘉诚急忙赶回旅店，把观察到的一切记录在笔记本上。

整个生产流程都熟悉了。可是，属于保密的技术环节还是不知道。有一天，李嘉诚邀请数位新结识的朋友，到城里的中国餐馆吃饭，这些朋友都是某一工序的技术工人。李嘉诚用英语向他们请教有关技术，佯称他打算到其他的厂应聘技术工人。李嘉诚通过眼观耳听，大致悟出塑胶花制作配色的技术要领。

几个月后，李嘉诚满载而归。随机到达的，还有几大箱塑胶花样品和资料。临行前，塑胶花已推向市场，李嘉诚跑了好多家花店，了解销售情况。他发现绣球花最畅销，立即买下许多好的绣球花做样品。

李嘉诚回到长江塑胶厂不动声色地把几个部门负责人和技术骨干召集到办公室，他宣布，长江厂将以塑胶花为主攻方向，一定要使其成为本厂的拳头产品，使长江厂更上一层楼。

李嘉诚在香港快人一步研制出塑胶花，填补了香港市场的空白。按理说，物以稀为贵，卖高价在情理之中。但是李嘉诚明察秋毫，他认为塑胶花工艺并不复杂，因此，长江厂的塑胶花一面市，其他塑胶厂势必会在极的短时间内跟着模仿上市。倒不如在人无我有、独家推出的极短的第一时间，以适中的价位迅速抢占香港的所有塑胶花市场，一举打出长江厂的旗号，掀起新的消费热潮。卖得快，必产得多，"以销促产"，比"居奇为贵"更符合商界的游戏规则。这样，即使其他厂家迅速跟进，长江厂也早已站稳了脚跟，而长江厂的塑胶花也深深植入了消费者心中。

李嘉诚走"物美价廉"的销售路线，大部分经销商都非常爽快地按李嘉诚的报价签订了供销合约。有的为了买断权益，主动提出预付50%的定金。

李嘉诚掀起了香港消费新潮流，长江塑胶厂由默默无闻的小厂一下子蜚声香港塑胶界。

李嘉诚的成功固然与他独到的眼光和富有前瞻性的决策分不开，但是如果他不懂得向行业对手学习的道理，他也不可能取得如此大的成就。

俗话说"商场如战场"。在商场上，每个员工也应该像战场上的侦察兵一样，去了解、分析自己的竞争对手，了解同行的经营目标、产品开发、市场营销、人才战略等情况，这样才能提出相应的应对策略，与对手周旋、竞争，使自己不被对手蚕食、吞并、打垮。

比尔·盖茨曾说过："一个好员工应分析公司竞争对手的可借鉴之处，并注意总结，避免重犯竞争对手的错误。"微软有一个班子，专门分析竞争对手的情况，包括什么时间推出什么产品，产品的特色是什么，有什么市场策略，市场的表现如何，有什么优势、什么劣势，等等。微软的高层每年都要开一个会，请这些分析人员来讲竞争对手的情况。

微软为什么要这样做？微软此举是为了向竞争对手学习，学习对方的长处。

牛顿曾经说过，自己之所以能取得如此辉煌的成就，只是因为站在了巨人的肩膀上。这里固然有牛顿自谦的成分，却也道出了一条成功的途径。我们为什么不向牛顿式的成功者学习，学习他人的卓越之处，站在这些巨人的肩膀上，为自己制定一个更高的目标，在学习、模仿中努力去超越呢？

## 与别人存在差距，才是你成长的动力

凡是在某个领域出类拔萃的人，其所思与所为都不同于该领域中的一般人。他们成功的秘诀，是师人之长，取人之精，为我所用。

马太效应认为，任何个体、群体或地区，一旦在某一方面获得成功和进步，就会产生一种积累优势，就有更多的机会取得更大的成功和进步。而通过观察、比较、学习和沟通，征求成功者的意见，便是成功的关键所在。不管我们是做哪个行业，法律、医药、推销、管理、音乐、教育或其他行业，选一位成功者当自己的引导者，别害怕求助于他们。有个规则要记住：一个越是有成就的人，他就越希望与那些能将他的才华完全发挥出来的人分享他的学问、智慧和经验。人生最大的乐趣之一就是将自己的幸运与他人分享。所以，成功的人都是乐于借鉴他人的经验、学习他人的长处而在前人的肩膀上成就事业、创造人生的。

我们都希望与有能力、有地位的人做朋友，我们都希望这些人能帮助和指导我们，然而，我们用什么方法来赢得这些人指导我们呢？

第一，要创造机会，进入贵人的视线。

　　宋朝时期，有人伪造韩国公韩琦的信去见蔡襄，蔡襄虽然有所怀疑，但是他性情豪放，就送给来者三千两银子，写了一封回信，派了四个亲兵护送他，并带了些果物赠送给韩琦。这个人到京城后，拜见韩琦，承认了假冒的罪责。韩琦缓缓地说：“君谟（蔡襄的字）出手小，恐怕不能满足你的要求，夏太尉正在长安，你可以去见他。”当即为他写了封引荐信。韩琦的下属对此举疑惑不解，觉得不追究伪造书信的事就已经很宽容了，引荐信实在不该写，韩琦说：“这个书生能假冒我的字，又能触动蔡君谟，就不是一般的才气呀！”这人到了长安后，夏太尉竟起用他做了官。

　　第二，要发掘对方关心的或感兴趣的事物，引起别人的注意。许多成功人士都有这个本领，他们从每一个名人的特别有趣的经历中去接近他们。

第三，要得到贵人的重视和关爱，就要采取主动。正如人们常说的："老实人吃哑巴亏，会哭的孩子有奶吃。"

第四，一定要掌握分寸。只有关系到你的切身利益，而不影响对方面子的事才有可能得到帮助。

第五，要经常激励你的贵人，让他知道，帮助你晋升后他有什么好处，不帮你晋升，他会有什么损失，从而激发出他提拔你的积极性。而如果你现在的领导没有能力提拔你，你就要绕道而行，以退为进，寻求另一个贵人的帮助。

总之，与成功者交往要讲究方式。对不同的人采取不同的策略，对不同的事也要具体问题具体分析。灵活处理，不断变通，才能更好地攀附贵人，而你的身边也逐渐形成了一种"成功"的氛围，你也就可以多多感受和学习他们身上的优秀品质，从而一步步走向成功。

我们渴求成功的愿望是很迫切的，我们认为有热情和决心就没有办不成的事。但是事实证明，仅有成功的决心和热情是不够的。现在是一个讲究时间和效益的时代，即使我们年轻，拥有大量的时间，但也不能花十年、二十年，甚至穷尽一生的精力去慢慢摸索成功之道，那毕竟不是最好的方法。成功有方法，我们可以学习他人已经证明的有效经验、成功模式和科学方法。

由此可见，已经被证明了的成功方法是很有效的。那么，有很多人会问已经证明有效的成功方法在哪里？在成功人士那里。因此，向成功的人学习成功的方法，可以说是追求成功的捷径。

因为，向成功的人学习成功的方法，可以肯定这个方法是经过实践检验的，行得通、可操作；另外，向成功的人学习成功的方法，必然要直接或间接与成功者为伍，受他们的世界观、思维方法的影响而积极上进。

美国一个机构经调查后认为，一个人失败的原因，90％是他周边亲友、伙伴、同事、熟人都是些失败和消极的人。正所谓"近朱者赤，近墨者黑"，没有正确的方法指导，没有积极的思想引导，走向失败是在所难免的。因此，向成功的人学习成功的方法，不仅能成功，还能早日成功。

在向成功人士学习的时候，我们会受他们身上散发出的闪光点的影响，迅速提升自我，在他们成功方法的指导下，提高我们成功做事的效率，从而在成功的道路上迅速前进。

所谓成功者成功的方法，是他们穷数年之功，历经无数次失败的经历。我们不必完全走他们的老路，而是直接学习、借鉴他们的经验和原则。做成功者所做的事情，了解成功者的思维模式，并运用到自己身上。

任何一位成功者，之所以在某一方面高人一筹、出类拔萃，必定有其与众不同的方法。只要科学地学习他的做法，我们就可以获得和他相似的成就。

## 成功可以复制，不做无谓的坚持

大多数人从小就被教导，做事情要有恒心和毅力，比如"只要努力、再努力，就可以达到目的"。由于"不惜代价，坚持到底"这一教条的原因，那些中途放弃的人，就常常被认为"半途而废"，令周围的人失望。事实上，有时候这样的坚持很可能只是一厢情愿的固执。因为朝着错误的方向前进，最后只能以失败告终。

失败者常常混淆了工作本身与工作成果。他们以为大量工作，尤其是艰苦工作，只要坚持，有着执着的态度，就会取得成功，结果却总是事与愿违。

一个胖女孩最近在减肥，她一直认为发胖是吃的食物太多造成的，所以，决定节食。她也果然有毅力，每天的主食绝不超过二两，其余都用水果、蔬菜来填补。然而，两个月之后，她的脂肪就像舍不得离开她一样，牢牢地附在她的身上，她却由于营养不良，已变得比较虚弱，爬三层楼梯都会气喘吁吁。

尽管这样，她仍认为是自己坚持的时间太短，又过了一个月，情况还是那样。没有办法，家人把她拉到医院，征求医生的意见。医生告诉她，减肥是要讲科学、讲方法的，不能只靠节食，还要结合运动，并保持心情舒畅。

女孩听了医生的话，意识到了曾经的"坚持"都是无谓的。按照医生教的方法，她每天坚持锻炼，适当节食，并通过听音乐等方式愉悦心情。果然，一段时间之后，她取得了很大的成效。

其实，不只减肥要讲方法，无论做什么事都要讲究正确的方法。

销售经理对业务受挫的推销员经常说："再多跑几家客户！"父母对拼命读书的孩子常说："再努力一些！"但是这些建议都有一个漏洞，比如对于一位高尔夫球高手来说，最重要的不是多做练习，而是先把挥杆要领掌握好，否则，再多的练习也没用。对于我们来说，正确的方法往往比执着的态度更重要。

在工作中，设定目标是一件很重要的事情，我们也常会设计一套工作方案，并执着地依照这套方案行事，而完全忘记了根据形势的变化要更换方案。其实，头脑稍稍地转动一下，选用正确的方法，就可以获得更好的结果。

肯·富奇辞掉了美国电话电报公司的业务员工作，改当顾问。有一段时间，大概因为刚刚进入新行业，他变得十分散漫，工作时经常状态不佳，耽误了不少业务。他痛苦极了，决定养成一个能一直保持下去的习惯。这时有人建议他每天早上当他走下楼梯到楼下的办公室时，打扮得就像要去外面的公司上班一样，这样做显得专业，随时准备好突然有人来邀请他与客户相见，以及让自己的心理处在工作状态中。后来肯·富奇发现，这的确是一个很好的工作方法。

态度执着者经常自己摸索方法。但既然成功可以复制，经验可以传承，又何苦去慢慢学炸鸡的技巧？加盟肯德基开家分店吧，操作手册上写得很清楚，你很快就能够炸出美味的鸡肉，并且招聘来的员工即使没学过做快餐，按照炸鸡配方及流程照做一遍，也能做出肯德基炸鸡。走遍每一家分店，都会吃到一样好吃的炸鸡，就是这个道理。

在工作中，我们不可能总是一帆风顺，当遇到难题的时候，绝对不应该一味下蛮力去干，要多动些脑筋，看看自己努力的方向是不是正确。

## 偶像是用来尖叫的，榜样是用来学习的

现在的社会是偶像的社会，粉丝的身影不分国界、不分肤色、不分地域，遍及全球。

崇拜偶像的潮流席卷整个时代，气势汹汹。弘一法师十分反对所谓的偶像崇拜，尽管他本身也是很多佛教徒崇拜的偶像。他笃信佛，但并不崇拜佛。他觉得只有认识到自己皈依的并不是某一个佛，而是真正的智慧，这样才能算得上是一个真正合格的出家人。

当然，一个人不是不可以有偶像，但不能过分崇拜偶像。偶

像的作用是给自己树立一个榜样，从而更加完善自我。但有些人却忽略了这些，走上了思想的歧途。就像杨丽娟对刘德华的盲目崇拜，最后成了媒体利用工具，落得一个凄惨的结局。像杨丽娟这样的人因为对偶像的过度崇拜而迷失了自我，不分是非对错，觉得偶像的话一定是对的，偶像做的事一定是正确的，偶像一定是完美无瑕的，偶像在心中的地位是神圣不可侵犯的，若有人对偶像的言行有所指摘，这些人便会怒不可遏。崇拜偶像到了失去自我判断力、走火入魔的地步，这正是弘一法师等人反对偶像崇拜的原因！盲目的偶像崇拜是完全没有必要的，偶像即使能身在三界外，跳出红尘中，那又如何？况且，绝大多数的偶像也不过是凡世间一俗子而已。下面的禅宗小故事可以给我们一些启发。

寒冷的冬天，丹霞禅师四处云游，来到洛阳。有一天，他正在路上独自行走，突然下起了鹅毛大雪，禅师于是到附近的惠林寺避寒。天气实在太冷了，禅师走进寺庙中，觉得自己都快冻僵了。他看到佛殿上供着好多木佛像，前面还供着香火。于是，毫不犹豫地拿来一尊木佛像，点燃了它，开始烤火取暖。

正在这时，寺庙里的住持来了。

住持看到一个人在烧佛像，而且是一个和尚！

住持又惊又怒，立即大声叱责道："你这个和尚，疯了吗？竟然敢烧佛像！"

丹霞用木杖扒了扒灰烬，慢条斯理地说道："我想烧了这木头之后，取它的舍利子。"

住持余怒未休地说："果真是个疯和尚，木佛像怎么会有舍利子呢？"

丹霞禅师淡淡一笑，平静地说："你也知道木佛像没有舍利子啊。那就让我再拿几个木佛像来烧了吧！我实在太冷了！"

偶像，不管他多么伟大，都不应该成为狂热崇拜的理由——我们可以去尊重、借鉴他的思想，但没有任何必要去迷信他。偶像只是用来尖叫的，崇拜偶像没什么错，错的是盲目，无论什么事，一旦盲目，就是失败的开始。对待偶像，尖叫过，疯狂过，满足了内心的激动，就可以了。偶像只是一时的，榜样却是一世的。如果可以将偶像的优秀品质转化为榜样的力量，朝自己的榜样靠近，这是可取的。

对于每个人而言，我们可以去欣赏和学习偶像某个优秀的地方，但是我们绝对不能因为偶像崇拜而迷失了自我。因此，我们应时刻提醒自己是否在盲目的偶像崇拜之中丧失了自我的灵魂，偶像只用来尖叫，榜样才是用来学习的。

## 经验没有错，错的是迷信经验

我们生活在一个充满经验的世界里，从小到大，我们看到的、听到的、感受到的、亲身经历过的各种各样的大小事件和现象，都成了我们人生的智慧和资本。常常听到有人说，"我吃的盐比你吃的米多""我过的桥比你走的路多"，可见人们常以经验丰富为豪。

在一般情况下，经验帮助我们处理日常问题，只要具有某一方面的经验，那么在应付这一方面的问题时就能得心应手。特别是一些技术和管理方面的工作，非要有丰富的经验不可。老司机比新司机能更好地应付各种路况，老会计比新会计能更熟练地处理复杂的账目。所以，很多时候，经验成了我们行动所依靠的拐杖。但经验不是放之四海而皆准的真理，经验也给我们带来了不少沉痛的教训，因为经验是相对稳定保守的东西，是属于过去式的"历史"，而现实却是一直在不断变化发展的，所以经验并不一定能解决当前的问题。

在酒吧间，甲、乙两人站在柜台前打赌，甲对乙说："我和你赌 100 元钱，我能够咬我自己左边的眼睛。"乙同意跟他打赌。于是，甲就把左眼中的玻璃眼珠拿了出来，放到嘴里咬给乙看，乙只得认输。

"别泄气，"提出打赌的甲说，"我给你个机会，我们再赌 100 元钱，我还能用我的牙齿咬我的右眼。"

"他的右眼肯定是真的。"乙仔细观察了甲的右眼后，又将钱放到了柜台上。可结果，乙又输了。原来甲从嘴里将假牙拿了出来，咬到了自己的右眼！

乙为什么连输两次呢？因为第一次的失败告诉他：甲的左眼是假的，所以能拿下来用嘴咬。吸取了第一次的经验教训后，他确定甲的右眼绝对不是假眼，因而不可能被牙咬到。他万万没想到，甲的右眼虽然不是假的，却有一口假牙。乙输就输在经验造成的思维定式中，所以，经验也会"一叶障目"。

经验本身没有错，它是一笔宝贵财富，对我们来说有很大的指导意义。但我们要在合适的时机用好经验，因为一旦经验形成思维定式，就会变成一种枷锁，妨碍我们打开新思路，寻找新方法，时间长了，就会削弱我们的创新力。

经验告诉我们的只是过去成功或失败的过程，而不是未来如何成功的方法。千万不要以为在人生这个广袤的大海里，只能抱着那些曾经的经验，在祖辈开辟的领海中游弋。

日常生活中，太多习以为常、耳熟能详、理所当然的事物充斥在我们的身边，逐渐使我们失去了对事物的热情和新鲜感，经验成了我们判断事物的"金科玉律"。随着知识的积累、经验的丰富，这些"金科玉律"使我们越来越循规蹈矩，越来越老成持重，致使我们的创意被抹杀，无法获得突破性进展，无法成为一个富于开拓进取的人。

其实，每个人都会受"金科玉律"的限制，若能及时从中走出来，实在是一种可贵的醒悟。与生俱来的独一无二的创造态度，勇于进取，绝不自损、自贬，在学习、生活中勇于独立思考，在职业生活中精于自主创新，正是能够从自我囚禁的"栅栏"里走出来的鲜明标志。

另外，要从自囚的"栅栏"里走出来，就要还思维状态以自由，突破经验定式。在此基础上，对日常生活保持开放的、积极的心态，对创新世界的人与事持平视的、平等的姿态，对创造活动持成败皆为收获、过程才最重要的精神状态，这样，我们将有

望形成十分有利于开创人生的心理品质，并使得有可能产生的形形色色的内在消极因素及时地得以克服。

摆脱经验定式要求我们就要拓展思路，海阔天空，束缚越少越好。尤其在今天这个信息爆炸、瞬息万变的时代里，过去的经验往往就是未来失败的最大原因。从某种意义上来看，经验是一种指导我们"只能怎样怎样""绝不应怎样怎样"的行动手册，对很多人来说，经验就成了无法跳出的框框。

成长路上，我们拓展思路，海阔天空，束缚越少越好。正是因为如此，年轻人的"经验少"并不是一种缺点，有时反而是一种优势，是"敢闯敢干"的代名词。所以，我们不要笃信"经验之谈"，要有初生牛犊不怕虎的勇气和精神，用好"敢闯敢干"的精神，牛犊也能闯出一片新天地。

## 成功不怕迟，失败要趁早

"跌倒了再站起来，在失败中求胜利"这是历代伟人的成功秘诀。要想真正战胜失败，关键是要学会昂首挺胸，正视失败，从中吸取教训，下次不再犯同样的错误。否则就会在同一个地方被同一块石头绊倒两次，这样的人也无法从失败中把握未来，实现命运的转折。

坚信失败乃成功之母，若每次失败之后都有所"领悟"，把每一次失败当做成功的前奏，那么就能化消极为积极，变自卑为自信。

一个人要成就事业，就要具备百折不挠的精神，不能因为害怕失败就放弃努力、放弃追求，对于所做的，不论怎样不遂心也不放松、不罢手，抱定恒心去做，才能获得成功。在这个世界上，每一个人都经历过无数次的失败。当然，也包括富人在内，他们的成功也并非是一帆风顺的。

1958 年，富兰克·卡纳利在自家杂货店对面经营了一家比萨饼屋，以筹集他的大学学费。19 年之后，卡纳利卖掉了 3100 家连锁店，总值 3 亿美元。他的连锁店叫作"必胜客"。

用卡纳利的话，必胜客的成功归因于他从错误中学得的经验和教训。在俄克拉荷马州的分店失败之后，他知道了选择地点和店面装潢的重要性。在纽约的销售失败之后，他做出了另一种硬度的比萨饼。当地方风味的比萨饼在市场出现后，他又向大众介绍芝加哥风味的比萨饼。

卡纳利失败过无数次，可是他把失败的经验变为成功的基础，除了失败，他获得更多的是教训。卡纳利给创业人的忠告是："你必须学习失败。"他的解释是这样的："我做过的行业不下 50 种，而这中间大约有 15 种做得还算不错，那表示我大约有 30% 的成功率。可是你总是要出击，而且在失败之后更要出击。你根本不能确定自己做什么会成功，所以就必须先学会失败。"

卡纳利的成功告诉我们，不要害怕失败，财富的获得总是在失败中一点点积累的，很少有一夜暴富，而且一夜暴富的财富也总是不长久的。这便是富人们不怕失败的原因，失败也是一种财富。

失败不仅是结果，还是态度。当事情搞砸的时候，不要立刻为自己挂上"失败者"的标签。你如何想象自己糟糕，你很可能就会变成那个样子。反复多次地自称为失败者，不但在心理上承受着巨大的压力，还会限制自己潜能的发挥。

如果失败了，不妨对自己说："没有什么了不起，失败中包含着走向成功的因素。""假如生命给了我一次失败的机会，它同时也会给我面对失败的勇气和信念，使我走出失败陷阱。"

在伦敦的一家科学档案馆里，陈列着英国物理学家法拉第写的一本十年的日记。这本日记非常奇特：

第一页上写着："对！必须转磁为电。"

以后，每一天的日记除了写上日期之外，都是写着同样的一个词："No"（不）。从1822年直到1831年，整整10年，每篇日记都如此。

只是在这本日记的最后一页，才改写上了一个新词："Yes"（是的）。

这是怎么回事？

原来，1820年丹麦物理学家奥斯特发现：金属线通电后可以使附近的磁针转动。这引起法拉第的深思：既然电流能产生磁，那么磁能否产生电流呢？法拉第决心研究磁能否生电的课题，并决心用实验来回答。

十年过去了，经过实验——失败——再实验……法拉第终于成功了。他在历史上第一次用实验证实了磁也可以生电，这就是著名的电磁感应原理。正是这个著名的原理，为发电机的诞生奠定了基础。

爱迪生曾经说："失败也是我所需要的，它和成功一样对我有价值。只有在我知道一切做不好的方法以后，我才知道做好一件工作的方法是什么。"其实只有我们完全拒绝失败的时候，才是彻底失败的到来之日。

多次的失败并不表明你是一个彻底的失败者，而是表明你正在用失败铺路、一步一步地接近辉煌的成功。多次的失败并不表明你是一个屡战屡败、经不起挫折的懦夫，而是表明你是一个屡败屡战、勇往直前的勇士。

　　法拉第的那本日记，表面看起来似乎显得那样的单调和乏味，可是换个角度看失败，给人的启发又是那样的丰富和深刻：

　　多次的失败并不表明你一无所获，而是表明你得到了宝贵的经验，表明你也许要变换方式另辟蹊径。多次的失败并不表明你必须放弃，永远无法成功，而是表明你要坚持不懈，表明你还要花些时间。多次的失败并不表明你浪费了时间、生命，而是表明你在集中精力攻破具有非凡价值的难关，表明你在尝试和探索中获得快乐。

　　法拉第面对十年来的失败，没有气馁，而是选择了用坚持不懈的努力回击了一次次的失败。他用自己的行动给"失败乃成功之母"这句名言做了绝妙诠释。

　　成功不怕迟，失败要趁早。越早失败，积累的经验教训越多，成功来得越早。成功总是需要艰辛的付出的。想一想那些成就卓越的人，他们为什么能够有所成就？当然和他们持之以恒的努力是分不开的。他们并不是每一次都会成功，但每一次的失利，都会成为他们进取的动力，为他们下次的成功积蓄力量。真正的成功是需要我们一步一步地进取才能够获得的。